部下を「自分で考えて動く人材」に育てる 5 リーダーの つの仕事

横山 由樹 著
Yokoyama Yoshiki

同友館

はじめに

●「人を伸ばす、人を育てる、協力し合う」がワイスタイル流の人材育成法

僕は大阪府の北部、箕面市で洋菓子専門店「パティスリー ワイスタイル」を経営しています。店の開店は2012年4月。おかげさまで経営は順調でオープン以来、毎年売上を伸ばし続けています。

ワイスタイルという名前の「ワイ」は「ワイワイ喜ぶ」、「スタイル」は「場面」に由来していて、「ワイワイ喜ばれる場面に、ワイスタイルのお菓子で、さらに幸せな時間を届けたい」という気持ちが込められています。

ケーキ屋というと、オーナーがケーキを作るパティシエを兼ね、従業員かアルバイトは1人か2人という規模の店がよくあります。ところが、僕はオープン前に自分と従業員5人、合わせて6人が働く店を作ると決めて、開店計画を立てました。

駅前の一等地ならお客様も多く、その人数が必要かもしれませんが、店を開くのは住宅地の真ん中です。

夫婦2人で経営しているケーキ屋なら、1日に3万円から5万円の売上が目標になります。しかし、僕の計画では1日15万円が目標でした。15万円ということは、1個400円のケーキなら毎日400個近く売らなければいけません。客単価を1500円とすると1日に100人のお客様になります。こう書けば、僕の計画がどれだけ無謀であったか見当がつくと思います。

それでも僕は6人で店を始めたかったのです。それは「チーム」を作りたかったからです。自分の店を持つ前に、僕は17年間、パティシエとして働いてきました。その経験から自分が理想とする店をイメージしました。

その結果、ケーキ作りをスムーズに進め、お客様に満足していただけるサービスを提供するには、自分を含めた6人がそれぞれの担当を分担し、チームとしてまとまることが必要で、そうすれば理想のケーキ屋が作れると考えたのです。

僕とほかのスタッフが、経営者と従業員という単なる上下の関係になるのではなく、僕はリーダーとして「ワイスタイル」というチームを引っ張っていく存在になろうと決めました。そして、リーダーとして「人を育てよう」と思ったのです。

以前に勤めていた店では、部下が志し半ばで店を辞めていくことを何度も経験しました。そんな状況で辞めざるを得なかったことは、僕にも責任があったと思います。そのつぐないを意味も込めて、人を育てていこうと決めたのです。

人を育てることが目的。その方法として、自分はたまたまケーキ屋という仕事を選んだに過ぎない。人を育てるために僕はケーキ屋さんになった！　そう考えました。

「人を伸ばす、人を育てる、協力し合う」

それができるのが、チームなのです。僕はそんなチーム作りを目標に掲げて店を運営してきました。

現在、僕は店の厨房に入ってケーキ作りに直接タッチすることはほとんどありません。ケーキ屋が一年でいちばん忙しくなるクリスマスの時期も同様で、少し手伝うくらいです。どのくらい販売するのか、目標や計画はスタッフが立てて、僕はチェックをするだけです。それが可能なのは、自分がいなくても店の運営がスムーズにいく仕組みを作りあげたからです。

僕の仕事は、スタッフ一人ひとりが自分で考え、自分で動ける人材になるように方向性を示し、導くことです。

一日中店にいて、スタッフの仕事ぶりに目を光らせていては部下の能力は伸びません。仕事に喜びを感じる環境を作り、チームの仲間と協力し合って仕事を進める組織にするべきと考え、その仕組みを作りました。

その結果、理想とするチームが出来上がりつつあります。この本には、そうした「ワイスタイル流の人材育成法」をまとめました。リーダーとして部下のマネジメントに不安や悩みを感じている方に参考にしていただければ幸いです。

＊

僕は、スタッフが店を辞めることを「卒業」という言葉で表現しています。

スタッフが「店を辞めたい」と言い出したときには、「辞めるのは仕方ないけど、すぐに辞めるのではなく、店をちゃんと卒業していってほしい」と必ず言います。

自分の店をオープンしたときから、この「卒業」を意識するようになりました。卒業という言葉を使う理由は、僕はワイスタイルが「人を育てる学校」だと思っているからです。学校なので、辞めるのではなく卒業です。

中途半端な状態で店を辞めてほしくありません。ほかの仲間にそれまでの感謝を伝え、お客様にもちゃんと挨拶をして店を卒業してもらいます。

そして、卒業するスタッフをみんなでお祝いをします。祝福されて次のステップ、新しいスタートを迎えてほしいのです。

僕は、プライベートで楽しいことがあったとき、次の日にその楽しい出来事をみんなに話したいと思える職場でありたいと思っています。子供が生まれたことを、会社の仲間に黙っているような職場であってほしくないのです。

休日に旅行に行ったら、「旅行のことを明日会社に行って、みんなに話そう。みんなに伝えたいので仕事に行くのが楽しみ」。全員に、そう思ってもらいたい。それが僕が作り上げたいチームなのです。

この本には僕の「思い」をいっぱい詰め込みました。その思いが一人でも多くの方に届くことを祈っています。

そして、ワイワイ言いながら、おいしいケーキを食べて幸せを感じてください。

横山　由樹

2019年2月

◉目　次

2章 独立——自分のチームを作り、自分の思いをケーキに込める……………23

3章 ワイスタイル流人材育成法の基盤……55

1章

「鬼から仏」への変身

●部下を叱り、精神的に追い詰める上司だった

僕は、仕事に対する考え方を一変させられるような体験をしました。その体験の前と後では、人生観が一八〇度変わったと言えます。

実際、当時働いていた店のスタッフからは「いまの横山さん、前とは別人みたいですね。前は本当に恐かったです」と言われたりしました。

僕は洋菓子の専門学校を卒業後、神戸市垂水区のブルシェ洋菓子店に4年間勤めました。その後、広島のケーキ屋に移り、13年間その店で働きました。10年以上同じ店で働くのは、この業界ではかなり珍しいことです。

広島の店で働き始めて5年以上経った頃です。当時、僕はオーナーから現場責任者的な役割を与えられ、店の運営をほとんど任されていました。

そうしたオーナーの期待に応えるためにも、僕は部下である店のスタッフに仕事を与え、ケーキ職人として一人前に育てようと日々頑張っていました。

少しでも早く仕事を覚えてもらうおうと、スタッフに対しては、つねに厳しく接してい

ました。そのため店に勤めても、あまり長続きしない人もいました。

ただ、僕の中では「それも仕方がない」と割り切っている部分もありました。

厳しいというのは、例えば時間に遅れたりすることは、もちろん駄目です。出社時間など、決められた時間を守ることなど当たり前で、僕にとっては常識以前の守るべきルールです。

そして、そのほか仕事のやり方などの基準は、自分にありました。すべてが自分基準だったたです。

下の人間は僕と同じ作業をしても当然、僕より時間が余計にかかります。それに対して「自分と同じになれ」とまでは求めませんが、「これくらいならできるだろう」と、僕が勝手に考えた基準が一人ひとりにありました。

しかし、僕の考えている基準は、下の人間から見たら、高くて厳しいものだったのでしょう。スタッフの経験年数などに応じて求める基準を変えていましたが、総じてとても高いレベルだったのです。

自分自身でも、僕が求めているレベルがスタッフにとって難しいものだとわかっています。それでも「これくらいはできるだろう」と考えて強いていました。

スタッフとのギャップに気づいていないので、「どうしてこんなに時間がかかるのだろう？　何をしているのだ」と考え、「もっと早くできるだろう！」と厳しく注意していました。そうやって僕は、スタッフを日々追い込んでいたのです。

「なにをしているんだ！」と、いつも言っていました。


こうした注意をすることも、僕の中では仕事として当たり前ととらえていました。しかし、相手にすれば一日中、僕から叱られ、精神的に追い詰められることになります。

せっかくケーキ作りが好きで、その店で働くことができたのに「早くしろ、早くやれ」といつも叱られるわけです。

僕のほうは、ケーキ作りのプロを目指しているのだから、スピードを求められるのは当然だと思っています。「ゆっくりニコニコ笑いながらケーキを作るのはプロではない。それは趣味の世界」と信じていました。

お前はプロなんだろう。早くできて当たり前だ――。

僕は一〇〇パーセント、そう信じていたので部下に厳しくあたりました。

●言葉によるパワハラが日常茶飯事

なぜ、僕はこのように部下に厳しく接したのか。それは最初に働いた神戸の店で先輩から毎日、厳しく叱られたからかもしれません。

ただし、その厳しい先輩がいたからこそ、僕は仕事が早くできるようになりました。これも間違いありません。そのため無意識のうちに、厳しく叱った先輩と同じことを僕はしていたのかもしれません。

いまスポーツ界では、パワハラが大きな問題になっていますが、構図としてはまったく同じです。実際、僕が部下に行っていたことはパワハラだと思います。体罰こそ行っていませんが、言葉によるパワハラは日常茶飯事でした。

「自分もこうやって鍛えられて、うまくなっていった。だから、教え子にも同じことを行えばうまくなるはず。そう信じて体罰を行ってしまった」

スポーツの指導者がそう言うのをテレビで見ましたが、当時の僕もまったく同じだったと思います。「厳しく言わなければわかってもらえない。技術は向上しない」と信じて疑いませんでした。

僕も先輩に厳しくあたられたとき、つらくて仕事を辞めようと思ったことがあります。「どうしてこんな厳しいことばかり言われるのだろう」と、悔しくて仕方がありませんでしたが、そのときの仕事の基準を厳しい先輩のレベルに置いたことで、僕は自分を甘やかすことなく日々向上していくことができたのだと思います。

「いまは、僕が厳しく言っていることの意味がわからないかもしれないけれど、いつかわかる日がくる」

部下に厳しくあたるとき、口には出しませんでしたが、僕にはそのような思いがあったと思います。いつかわかってもらえると信じていました。

●中堅のスタッフの退職で大幅な戦力ダウン

当時、僕の下には8人のスタッフがいました。現場のトップとして、僕はオーナーから仕事を任されていました。町のケーキ屋さんでスタッフが8人もいるところはあまりありません。かなり大きな店といえます。

その大きな店を任されている責任感もあって、部下には厳しく接していました。

一人の作業が遅れると、店全体に影響が出ます。店をしっかり運営していくには一人ひした。

とり厳しく注意せざるを得なかったのです。ゆっくり作業をすることなど許されませんで

8人の中には専門学校の新卒者が4人いました。ほかの4人は数年の経験があります。4人も新卒者がいるので、人数がいる割には作業がうまくまわっていないという思いが僕にはありました。そのため、現場に対するストレスが知らず知らずのうちに溜まっていたのかもしれません。

しかも、店を辞めるとは思っていなかったスタッフが少し前に辞めるという予想外の出来事もありました。それも店のオペレーション的には痛手でした。

この業界では、仕事を始めてみると「思っていたイメージと違う。ケーキ作りがこんな大変だと思わなかった」という理由で、早々に見切りをつけて辞めていく人がある程度はいます。

そうした人が辞めることは仕方がないと、割り切っていました。しかし、ある程度長く続いている中堅のスタッフが辞めてしまうと、店としては大幅な戦力ダウンになります。

そこで戦力がダウンした部分は、僕が直接フォローすることにしました。そうしないと

「あの人が辞めても店は大丈夫なのかな」と、ほかのスタッフが不安になるからです。そんな心配を払拭するためにも、自分でフォローしました。

「一人辞めても店は全然問題ないよ」と安心してもらうためです。逆に「自分たちが仕事を任されるチャンスになる」、それくらいの気持ちを持ってほしいのです。

実際、そんな励ましの言葉も言っていました。

スタッフに安心してもらうため、そうしたフォローを行いました。自分では気づいていなかったのですが、もしかしたら、そんな店の状況が僕には大きな負担になっていたのかもしれません。

「しんどい」とは口に出しませんが、知らず知らずのうちに精神的にも肉体的にも負担が重なり、ストレスも溜まっていったのでしょう。もっとも、当時はそんなことはわかりませんでしたが。

中堅のスタッフが辞めたときは、店の雰囲気も少し悪くなりました。「どうなるんだろう?」という不安感が全体に漂いました。

「あの人が抜けた分、自分にも負担が大きくなる。横山さんからは、いままで以上に毎日厳しいことを言われるんじゃないか」という不安があったのかもしれません。

しかし、僕にはそうしたスタッフの気持ちを汲み取る余裕はありませんでした。スタッフの不安には思いがいたらず、「チャンスだと思って頑張れ」と励ますばかりです。

そして、オーナーも「これまでと同じように頑張ってね」とやさしく励ましてくれるだけでした。オーナーは基本的に、店のことは僕に任せて細かいことに口を出すことはありません。何かあったら僕のほうからオーナーに報告したり、相談したりしていました。

●店で倒れ、「うつのような症状」と診断される

毎朝店に来たら、注文が入っているバースデーケーキを作ることが僕の担当でした。店の壁にはその日に予約の入っているバースデーケーキの伝票が貼ってあります。多い日には20枚以上になります。

伝票を確認しながら、どんどんバースデーケーキを作っていくのが僕の日課でした。

ある日の朝、その伝票を見ていると頭がくらっとしたのです。「今日はちょっと体調がおかしいな。どうしたんだろう」と思いました。

ほかのスタッフも「大丈夫ですか」と声をかけてくれたので、「頭がふわふわして変な

気持ちがする」と答えました。

そうこうしているうちに、僕は店で倒れてしまいました。意識はすぐに戻ったのですが、オーナーも驚き、結局、オーナーの奥さんが病院に連れて行ってくれました。

しかし、病院では「甘いもの、糖質が足りないのではないか」という程度のことしか言われませんでした。軽い感じで言われたので、自分でも「飴でも食べれば大丈夫なのかな」と安心しました。

その日は店に戻って仕事を続けました。次の日ももちろん仕事ですが、どこかおかしいなという状態が続きました。

そんな状態が何日も続いたので、一週間後に再度、病院に行きました。症状としては、走れないのです。走ろうという気力がわかない。ゆっくり歩くのが精一杯という感じでした。体がなんとなく、ふわふわしていたのです。

病院で診てもらっても原因はわかりませんでした。そのため検査入院を勧められました。

検査の結果を聞いたところ、脳のどこかに障害や問題があるのではなく、「一種のストレスで、うつのような症状」と言われました。

血管が詰まったりしているわけではないので少し安心しましたが、ストレスというのは自分でも予想外で驚きました。

そこで、ストレスに関する本をいろいろ読んでみました。すると、本に書いてあることが一つひとつ、自分の状態に当てはまるのです。住んでいるマンションから飛び降りてしまえば楽になれるかも……そんな気持ちも起こりました。

「明日はあれをしよう」などという前向きなことは、まるで考えられません。できることなら、ずっと寝て過ごしたい……。気力がまったくわいてきませんでした。

検査入院は3日ぐらいで、その後は自宅療養になりました。仕事はできないし、広島では一人暮らしだったので、兵庫県三木市の実家に帰って療養することにしました。オーナーの奥さんから実家に帰ることを勧められましたし、親からも一人でいるよりは気分転換になるだろうと実家に帰ってくるように言われました。

実家では、仕事のことは忘れるようにしました。

久しぶりの実家だったので何をすればいいのか少し戸惑いましたが、とりあえず散歩を日課にしました。体を動かしたほうがいいとは思ったのですが、走ることはできません。それで散歩をすることにしたのです。

散歩をしたり、ときには母親と一緒に買い物に出かけたりしました。そうした生活を2カ月以上も続けました。

仕事に早く戻りたい気持ちはあるのですが、自分の中では踏ん切りがつかず、もやもやとした気持ちが続きました。ケーキ作りの仕事をやめるつもりはないのですが、「どうしたらいいいんだろう」と中途半端な気持ちでした。

しかし、店のことも心配になります。店に電話をすると、僕がいないためオーナーが現場に入っているとオーナーの奥さんから聞きました。「シェフ（オーナー）がすごく頑張っているよ」と言うのです。

そんなことを聞くと、申し訳ない気持ちでいっぱいです。「早くお店に戻りたい。早くシェフを助けたい」と思いました。

でも、いまはまだちょっと無理……。シェフを助けたくても、体を動かそうという気力がわいてきませんでした。

3か月近くの自宅療養から店に復帰する

自宅療養の間に自分が何をしていたのか、正直、よく覚えていません。散歩をして、部屋の片付けをして……そんなことをしていたと思うのですが、何をしていたのかよくわからないうちに、いつのまにか時間だけが経っていました。

親も仕事のことは何も言いませんでした。「仕事に戻らなくていいの？」などとは口に出さず、とにかくのんびりさせてくれたのです。

店で倒れたのが10月で、12月の終わり近くまで仕事を休みました。

12月はケーキ屋にとって一番忙しい時期です。なので、クリスマスまでにはなんとか元気になって復活したいと思っていましたが、結局できませんでした。

クリスマスは実家で過ごし、親と一緒にケーキ屋に行きました。ショーウインドウにはケーキがいっぱい並んでいて、大勢の人が並んでいました。

それを見て、「ケーキ屋さんってすごいな」と改めて思ったのです。お客としてケーキ屋を見るという経験をずっとしたことがなかったので、とても新鮮に感じられました。

そんな活気のあるケーキ屋を見ていたら、「働きたいな」という気持ちが少しずつわいてきたのです。そして、なんとか働けるのではと自分でも思えてきました。

その判断をどうやって決めればいいのかわからなかったのですが、12月28日に広島に戻ることにしました。ただ、フルタイムで働くことはまだ無理なので、とりあえず手助けという形で店で働くことにしました。

クリスマスの後、年末年始もケーキ屋は忙しい時期が続きます。大みそかまで営業し、元旦だけは休みますが2日から店を開けます。

年末年始はなんとか働くことができました。とにかく足が痛い、足が疲れるというのが久し振りに働いた実感でした。

精神的な疲れはありませんでした。感じたのは肉体的な疲れです。久し振りの労働で、心地よい疲れだったのかもしれません。

店の最前線で、バリバリ働いていたわけではありません。みんなの作業の流れを見て、「これをちょっと手伝おうか」という具合です。卵を割ったり、フルーツをカットしたりという感じで仕事を手伝いました。

ほかのスタッフにすれば、僕がいない状態で仕事を進めることが3カ月近く続いていたわけです。そのため、僕抜きの段取りが出来上がっていました。僕の入り込む余地はありませんでした。こんなことは初めての経験です。

その状態を見て、僕は自分が必死に頑張らなくても店はちゃんとまわっていくことがわかりました。これもまた新鮮な驚きでした。まさに目からウロコでした。

「みんな、できるじゃない。僕が厳しく言わなくても、みんなできるんだ。僕が抜けても大丈夫なんだ」

それがわかったのです。

会社でも「自分がいないと仕事が進まないので、有給休暇なんて取れない」と言って、いつも夜遅くまで帰らない管理職の人がいたりします。そんな人は部下の仕事ぶりにもあれこれと注意を与え、口うるさい存在としてみんなから少し煙たく思われるものです。

ところが、例えばその人が急病で入院しても、みんなが助け合って特に支障もなく業務が進みます。一人が急に欠けても、組織全体で補い合ってトラブルを乗り越える。それが会社なのですそうした現実を知ると、部署を一人で支えていると思い込んでいたリーダーは落ち込むかもしれません。僕も同じような状況に直面したわけですが、仕事に対する考え方を変えることで、新しい視点を持つことができました。

僕が抜けた分は、確かにシェフが頑張っていましたが、もともとシェフは細かい指示を出す人ではありません。なので、シェフが指示を出してみんなが動いていたわけではなく、一人ひとりが自分の考えで動くようになっていました。足りない部分は、各自が指示を出し合っていたのです。それを見て、本当にすごいなと感動しました。

倒れる前は、僕がいちいち指示を出さないと、みんなは動かない、仕事はまわらないと思い込んでいました。それなのに店に戻ってみたら、シェフが指示を出さなくても、みんなが自主的に自覚を持って仕事がまわるようになっていたのです。

それに気づいて、すごいなと驚いたのです。

上がいなくなると次のリーダーが育つということに、現場から一歩下がることで気づくことができました。仕事というのは、一歩下がって見てみることも必要だと学ぶことができたのです。

●一歩引いて店全体を見るという視点

僕が店に戻ったとき、みんなから「横山さん、大丈夫ですか?」と声をかけてもらいました。同時に、僕が戻ってきたことで、また厳しく言われる毎日が始まるのではという緊張感が生まれたような気もしました。みんなは、また厳しく叱られると思っていたのでしょう。

しかし、復帰してからの僕は、みんなの仕事を一歩引いて見ていたので、うるさいことは何も言いませんでした。そのため、みんなが「あれ、どうしたんだろう?」と思いながら仕事をしていることが感じられました。

以前の僕なら、「どうしてそんなことをするんだ。これはこうだろ」と厳しく言うような状況を見ても、「そんなときは、こうしたほうがいいんじゃないかな」とアドバイスする感じで声をかけました。

内容的には同じことを言っているのに、頭ごなしに言うのではなく、一歩下がってアドバイスするようになったのです。その口調もまるで違います。叱るのではありません。やさしいアドバイスに変わっていました。

すると、みんなも僕の言うことをちゃんと聞いて、しっかり動いてくれます。同じことを言っても、言い方や口調でこんなにも受け取る側は変わるのかと、これもまた驚きの体験です。

その頃から僕のスタッフへの教え方が、どんどん変わっていきました。

同時に、スタッフの話を聞くようにもなりました。それまでは自分の言いたいことを言うだけで、スタッフの意見を聞くことはほとんどありませんでした。自分の言うことが10割でした。

「こうしなさい」と言っていたのが、「これはどう思う？」と相手の考えを聞くようになりました。下の人間から見たら180度の変化です。あとでスタッフから「横山さん、人が変わったみたいです」と言われました。

この変化は、自分で変わろうとしたわけではありません。仕事に復帰して、一歩引いた立場で作業の流れを見ているうちに、自然に自分が変わっていったのです。

いまから考えると自分が変わっていたことがわかりますが、その頃は自分の変化に気づいていませんでした.

●部下への感謝の気持ちが僕を変えた

自分が変わった理由には、感謝の気持ちを抱いたこともあると思います。自分がいないあいだ、みんなが頑張って店をまわしてくれたことへの感謝です。その感謝があったので、僕は「みんなの手伝いをしよう」と思うことができたのでしょう。

そして、その頃から僕自身に余裕が生まれてきたのです。

それまではとにかく全力で仕事に向かい、仕事のことだけを考えていました。しかし、一歩下がって仕事の流れを見ることができるようになると、精神的な余裕が生まれてきました。

以前は、スタッフ一人ひとりに対して、自分が考えていた高いレベルの基準まで到達するように接して追い込んでいました。

「ここまでやらせよう。ここまでやってもらわなければ困る」と考えていました。それが、「できるところまで頑張ってもらえばいい」と、相手の力を受け止められるようになったのです。

スタッフに求めるハードルが自然に下がっていきました。みんなが感じるプレッシャーもかなり減ったと思います。

以前は、店に並べる商品は「こうあるべき」と考え、その際にスタッフの能力を考慮に入れることはありませんでした。しかし、「いまのみんなの力に合わせて商品を並べていけばいい。これぐらいの商品がそろえば大丈夫」と考えられるようになりました。

「シェフ（オーナー）が考えたおいしいケーキを一つでも多く並べたい」としか考えられず、スタッフの能力という足元を見ることはしませんでした。そのため、「どうしてできないんだ！」といつも叱っていたのです。

僕のシェフへの尊敬が強すぎて、シェフが考えたケーキを並べることがすべてになっていたのかもしれません。もちろん、シェフからそのように言われていたわけではありません。僕が一方的に、そう思い込んでいたのです。

しかし、スタッフの現在の力に合わせて、できるところまで頑張ればいいと考えられるようになりました。いまから考えると、とても大きな変化が自分の中で起こっていたわけです。その結果、精神的な負担は大きく減りました。

そして、僕には精神的な余裕が生まれてきました。スタッフに対する接し方が変わっても、年始めでケーキ屋が忙しい時期でもあり、売上は前年とそれほど変わりはありませんでした。

自宅療養をしたときから、自分のそれまで仕事のやり方に疑問を感じ、「ちょっと違うな」と考え直す部分がありました。そこで、もっとスタッフをサポートして力を伸ばしていこうと決めました。

復帰後、みんなを引っ張っていく役割から、みんなをサポートする立場になった頃から、1時間の昼休みには本を読むようになりました。

検査入院から退院した頃から、自分の状態を知るために本を読んだりしましたが、その習慣が続き、いろいろなジャンルの本を読むようになりました。

以前は昼休みは寝たりしていたので、これもまた大きな変化でした。そして、この読書の習慣が、人生をさらに変える出会いにつながっていくのです。

2章

独立

——自分のチームを作り、自分の思いをケーキに込める

●「ケーキを作って人を喜ばせたい！」

1章で紹介したのは、広島の店で働いていたときの出来事です。その店は、僕にとって恩師と呼べる人が経営されていました。

僕は神戸のケーキ屋で働いているときにその人に出会い、ケーキ作りにかけるその情熱にあこがれを抱きました。そして、広島にある店で働くことを決めたのですが、その恩師に出会い、自分の店を持つことを決めるまでを紹介させてもらいます。

そこには僕が「チーム作り」を意識し、「人を育てる」ことを実践するにいたるすべてがあるからです。

生まれたのは兵庫県の三木市です。

パティシエを目指したのは小学校3年生のとき。僕の誕生日は3月29日で春休みの真っ最中です。当時は家に友だちを呼ぶ誕生日会がブームになっていました。

春休みに入る前、20日頃に「29日に誕生日会をやるので家に来てね」と友だち5人ぐらいを誘うと、みんな「行くよ」と言ってくれました。

そこで僕は前日に折り紙で鎖を作ったりして、部屋がパーティー会場らしくなるよう、3時間かけて飾り付けをしました。

誕生日会は午後3時からで、母親も料理を作って準備してくれました。しかし、3時になっても誰も来ません。どうしたんだろうと思って電話をかけました。

春休み前に言ったので、みんな忘れていたのです。

友だちのお母さんが出て、「ごめんなさい。忘れちゃったみたいで出かけてるの」と言います。僕は「えー」と思いました。前の日に電話をしておけばよかったのですが、飾り付けに忙しくてうっかりしました。

それに、みんな来てくれるものと思い込んでいたのです。

誰も来ないとわかったときは小学校3年生なので、ショックで、すねて泣いていたと思います。そんな僕を見かねた母が「仕方がないでしょう。これでも食べなさい」と言って渡してくれたのが、手作りのケーキでした。

泣きながらケーキを食べると、甘くてとてもおいしい。そのおいしさで「みんなが来なかったけど、まあいいか。おいしいケーキを食べられたから」と思えてきました。

そのとき、ケーキを食べて泣き顔が笑顔になったことが、パティシエを目指すきっかけです。「ケーキってすごいな。泣き顔を笑顔に変えるんだ」と幼心に思いました。

当時は、まだパティシエという言葉はありませんでした。なので「大きくなったらケーキ屋さんになろう！」、そう思ったのです。

それ以来、中学・高校と進んでも気持ちがブレることはありませんでした。高校を卒業すると、大阪あべの辻製菓専門学校に進みました。その頃、専門学校は男女比が7対3で女性が多かったですが、その比率はいまでもあまり変わっていないと思います。

「ケーキを作って人を喜ばせたい」、その気持ちはずっとブレませんでした。

家では、姉がチョコレートを作るのを手伝ったりしました。そのうち姉に頼まれて、バレンタインデーのチョコを代わりに作ることもしました。チョコを作るのは楽しかったですね。

ただ、ケーキ作りは好きでしたが、料理には興味がなく、料理の手伝いはしませんでした。ケーキばかり作っていました。

ケーキを作るときは、計量をちゃんとします。料理も大さじ何杯・小さじ何杯とレシピには書かれていますが、料理には感覚的な面があります。僕はきちんと量って準備するほうが好きなのです。ケーキを作るのも好きですが、その準備をする段階も好きなのです。

●最初に勤めたのは厳しい先輩がいる店だった

専門学校は1年で、卒業後は神戸のケーキ屋で4年働きました。そのお店は専門学校への求人で見つけました。

神戸のケーキ屋は、オーナーを合わせて5人の店でした。スタッフの3人は僕より2歳くらい上でした。

その店はとにかく厳しい店で、先輩たちが怖くて仕方ありませんでした。オーナーは優しかったのですが、先輩たちから「お前はどうしてそんなに時間がかかるんだ」と言われ続け、ずっと悔しい思いをしていました。

専門学校では、道具の名前や使い方を学んできました。しかし現場に入ると、まず第一に学校とは作る量がまったく違うのです。段取りや作業の流れも違います。そうしたことに不慣れなので、いつも厳しく注意されました。

「どうしようかな」と悩んで、自信もなくなりかけました。実際、専門学校を卒業して店に勤めても、1カ月くらいで辞めてしまう人が多くいます。そして、ケーキ作りを仕事にすることを諦めたりします。

小さい頃からケーキ作りが好きでこの仕事についたのに残念なことですが、それはそれで仕方ないと思います。仕事としては諦めても、ケーキ作りを趣味にすればいいのです。趣味と仕事ではまったく違います。仕事ではなく、趣味としてケーキを作り続ける道もあります。

ケーキ作りでは、最初に働く店がきわめて重要になります。その店がどんな店かで、ケーキ職人としての人生が決まると言っても過言ではないでしょう。

高校や大学を卒業し、新卒で入社する会社での経験がその人の社会人人生を左右することがよくありますが、それとまったく同じです。

働き始めた当初は、立ち仕事がこんなにしんどいとは思いませんでした。

朝は7時に店に入って、まず生クリームを大量にたてて作ります。そのあとはスポンジを切ったり、フルーツを切ったりします。店の開店は10時なので、手分けしてショーケースにケーキを並べていきます。このときは時間との闘いで戦争状態です。

次は、チームに分かれての作業になります。生地を焼いたりクッキーを焼いたりする焼き場のチーム、デコレーション担当の仕上げのチームなどに分かれて作業を続けます。夕方6時か7時頃から片付けに入り、季節にもよりますが、仕事が終わるのは8時ぐらい。なかなかの長時間労働です。しかもその間、ほとんどが立ち仕事です。

僕の中には、一つひとつのケーキをゆっくり作るというイメージがあったのですが、実際は時間に追われ、一日中が戦争みたいでした。


店には自宅から通っていたのですが、親からは「3年は頑張って続けなさい」と言われました。その言葉もあったので我慢しましたが、3年くらい経つといろいろ任されるようになり、責任感も出てきます。責任感が出てくると「あれもしたい、これもしたい」という考えも生まれ、意欲も増してきます。

その店には結局、4年勤めたのですが、3年目ぐらいからはあれこれと任されるようになり、焼き場のリーダー的な立場になっていました。責任感も生まれ、楽しく働くことができました。

●恩師との出会い

休みの日には自主的な勉強として、講師の先生がお菓子を作るのを見に行ったりしていましたが、あるとき、オーナーが店に講師の先生を招いて、ケーキ作りを学べる機会がありました。その先生は、世界的なケーキのコンテストでも活躍している有名な人でした。

その人がケーキを作る様子は、それまで自分が作っていた方法とまるで違っていました。それを見て、「やっぱり世界はすごいな」と感心しました。

その人は飄々とした方で、テキパキとケーキを作っていく感じではありませんでした。段取りよく作っていくのですが、ときどき「どうだったっけな」と、ふわっとした感じでケーキを作ります。

僕がケーキ作りに持っていた、しっかり計量して作るというイメージではなく、ひらめきで料理を作るような感覚でした。

量を量らずにお酒を入れたりします。「あんな作り方でいいのかな」と心配しました。感覚で作っていく様子がとても新鮮でした。

その人は、大手の洋菓子メーカーの試作開発部門に勤めていました。僕のように流れ作業で大量にケーキを作るのではなく、新しい味を考えてコンテストに出場したりしていたのです。

3年以上働いた経験から、当時の僕は段取りや仕事の流れが大事だと思っていました。ところが、キャラメルの作り方にしても僕とは違っていました。とにかく何もかもが新鮮に感じられ、「この人はすごいな」と圧倒されるばかりでした。

ちょっと味見をして、「これを入れてみようか」ということもありました。普段の僕の仕事では、そんなことはあり得ません。決められたレシピがすべてだと思っていましたから。

その人の名前は花口さんで10年以上、大手のアンリ・シャルパンティエに勤めていたのですが、辞めて地元の広島に帰って自分の店を開く予定でした。その前の準備期間に知り合いから頼まれて、いろいろな店に教えに行っていたのです。

その出来事があったのは夏です。夏はケーキ屋は暇なので、そうした勉強の時間を作りやすいのです。

●あこがれの人の店で働くことが決まる

花口さんからは11月に自分の店を出すと聞きました。それを聞いて、僕は「花口さんの店で働けたらいいな」と思いました。ただし、すぐにいまの店を辞めるわけにはいかないので、「いつか行けたらいいな」というあこがれのような気持ちでした。

実はその前から、勤めていた店のオーナーには「3年が過ぎたので、来年の3月には店を卒業したい」と伝えてありました。

「はじめに」に書きましたが、僕は店を辞めることを「卒業」を呼んでいます。当時は、まだ卒業という言葉を使っていませんでしたが、ここでも卒業と書きます。

店を卒業するのは翌年の3月末、花口さんの店のオープンはその年の11月です。開店に合わせて行きたいけれど、行くことはできません。仕方がないと思い、諦めていました。

もっとも、実際に花口さんの店に行きたいと伝えたわけではありません。あくまでも自分の中でそう思っていただけです。ただ、「お店がオープンしたら遊びに行きたい」とは言いました。その後、店をオープンしたという話は聞いたので「行きたいな」と思っていました。

年が明けて1月になると、そろそろ次の職場を見つけなければいけません。オーナーからは「知り合いの店が求人しているけど、どうかな」という話をいくつかいただきました。

洋菓子業界では、一つの店に3年から4年勤めると、次の店を探すということがよくあります。パティシエのキャリアとしては自然な流れです。海外にケーキ作りを学びに行く人もいます。

オーナーから話を聞いたり、自分でも店を探したりしていたのですが、どこかに「広島に行きたいな」という気持ちがありました。そんなときに、店のチーフから「横山くん、花口さんのところが求人を出してるぞ」と言われたのです。3月中旬の話です。

そのチーフには、雑談みたいな感じで「花口さんのところに行けたらいいな」と言ったことがありました。たまたまお菓子の業界雑誌を見ていたとき、チーフが花口さんの店の求人を見つけ、「横山くんに知らせなければ」と思ってくれたのです。

その求人を見た僕は、すぐオーナーのところに行きました。

「花口さんのところで求人が出ているので、僕はここに行きたいです」

そう言うと、オーナーがその場で花口さんに電話してくれたのです。

「求人を見て、うちの横山君が花口さんのところに行きたいと言っているので一度会ってみてくれないか」

花口さんは僕のことを覚えていてくれました。

僕は電話の横で「僕は明日休みです。明日でも行けます」とオーナーに必死にアピールしました。オーナーが花口さんに「横山君は明日休みなんだけど、明日で大丈夫かな」と聞くとＯＫになりました。

翌日、生まれて初めて一人で新幹線に乗って広島に行きました。花口さんと面談をし、4年間に自分がやってきたこと、花口さんがキャラメルを作るのを見てとても新鮮に感じたことなどを話しました。

「自分はこれまで作業は覚えてきたけれど、自分の思いを込めてケーキを作ってはこなかった。ケーキをレシピで作っていただけなので、一から教えてください」

そんな自分の気持ちを伝えると、「いいよ」と言ってもらえました。こんなに簡単に決まるのかなと拍子抜けするくらいでした。

いつから店に来られるか聞かれたので、「3月末に辞めるので4月1日から大丈夫です」と答えると、「すぐだと大変だから4月の終わり、ゴールデンウィーク前からでいいよ」と言ってもらえました。

●ケーキ作りに対する考え方が一変する

その日、家に帰って報告すると親は寝耳に水です。「あんた、一人暮らしもしたことがないのに大丈夫なの？ 洗濯とかできるの？」と驚きました。しかも、その日に広島で住む場所も決めてきました。そのときの行動力には自分でもビックリです。

こうして広島に行きました。

そのとき、僕は「花口さんは世界的に有名で、全国のパティシエがあこがれる人の店で働ける。これから自分は一緒にこの店を大きくしていき、花口さんの右腕になる」と決めていました。花口さんは僕より12歳年上で、僕が入ったとき、店にはすでに働いている人が3人いました。

23歳で広島に行き、13年間その店に勤めました。10年以上一つの店に勤めるのは、この業界ではかなり珍しいと思います。

店は売上が伸び、スタッフの数も増えていきました。そのうちに僕は製造現場の責任者になりました。働き始めて5年目ぐらいです。

その店では、本当に多くのことを学ぶことができました。

花口さんは店にいても、業者の人と話をしたり、試作のケーキを作っていることが多く、現場に口を出すことはあまりしません。なので、自分のほうから「これはどうしたらいいですか」と花口さんに聞きに行きました。すると、「それでいいんじゃない」などと答えてくれます。

だいたい「いいよ」と言ってくれるので、逆に心配になるくらいでした。

いま考えると、花口さんがのびのびと作らせてくれたおかげで現在の自分があるのだと思います。「それはダメ、これもダメ」と言うことはありませんでした。「自分のやり方がすべて」と言うオーナーではありませんでした。

口数の少ない人です。自分のやり方を押しつけるのではなく、人それぞれ自分のやり方でやればいいという考え方の人でした。

「人を伸ばす、人を育てる、協力し合う」という現在の仕事のあり方のベースを築いてくれたのは、花口さんなのです。

花口さんの店で働いたことで、自分のケーキ作りに対する概念がガラッと変わりました。花口さんとの出会いには本当に感謝するだけです。

その店には、いちばん多いときで15人のスタッフがいました。一店舗で15人というケーキ屋はあまりないと思います。

お客様は全国から来ました。花口さんはテレビ番組で自分のコーナーを持っていたし、テレビの取材もよく受けていました。

僕は自分の店を持とうとは思っていませんでした。というよりも、その店が自分の店だと思っていました。それくらい自由に働かせてもらえました。

収入も自分で満足できる程度にありました。なので、あえて独立を目指そうとは考えなかったのです。強いて言えば、「いつかは独立するんだろうな」となんとなく思っていた程度です。ただし、急いでいたわけではありません。

店で責任のある立場になると、後輩にきつくあたって自分の体調を崩しました。それが1章で紹介した出来事です。

●清水さんの「夢ケーキ」を知る

花口さんはテレビで番組を持ったりしていたので、広島のケーキ業界ではかなりの有名人です。その人の店の二番手の役割を任されていたので、僕のことも広島のケーキ業界の多くの人が知っていました。ケーキの講習会などでも、多くの人と顔を合わせたりしていたました。

そのため業者さんなどを通じて、僕が入院し、その後、仕事を休んでいたこともそれなりに広まっていました。

当時、店はデパートにも出店していました。復帰後、デパートに車で商品の納品に行くと、同じデパートに出店しているケーキ屋、ケーサヴールの宇佐川さんが「横山くん、大丈夫？」と声をかけてくれました。

そして、「横山くんに読んでほしい本があるんだ」と言って渡されたのが『世界 夢ケーキ宣言！ 幸せは家族だんらん』という本でした。この本との出会いも、僕の人生を大きく変えてくれました。

この本を読んで、なによりショックを受けたのは、自分がケーキ作りの原点を忘れていたことです。小学校3年の誕生日に母親が作ってくれたケーキを食べておいしかったこと、そのときケーキ屋さんになろう、パティシエを目指そうと思ったことを忘れていたのです。

ケーキ作りという仕事が、いつのまにか作業になっていました。仕事の流れや段取りばかりを気にしていたことに気づけました。

「ケーキを食べた人に笑顔になってもらいたい。おいしかったと喜んでもらいたい」

それが僕のケーキ作りの原点だったはずなのに、いちばん大事なことを忘れていたのです。

『夢ケーキ』を書いたのは清水慎一さんです。その清水さんも、昔は自分も傲慢だったと言います。でも自分は、いまこう変わったと書かれていました。それを読んで、自分も同じだと思ったのです。

しかも同い年です。「同い年なのに、こんなことを考えているんだ。すごいな」と思いながら読み進め、一方的に共感を覚えました。

清水さんが長野県伊那の店に帰って3年後です。となり町で中学生が寝ている父親の首を鎌で切って殺すという悲しい事件がありました。

その事件を知ったとき、清水さんは「もしその家が一家団らんでうちのケーキを食べていたら、こんな悲惨な事件は起こらなかったのでは」とスタッフに言ったのです。それを聞いたスタッフは、何を言っているんだろうと途方に暮れたそうです。

しかし清水さんは、ケーキを食べながら一家団らんで夢を語り合う企画を行うと決めました。しかも無料でケーキを提供することにしました。

具体的には、自分の夢を絵に描いてもらい、それをケーキで形にしようというイベントです。初回は十数人の応募がありました。無料でケーキが作ってもらえるのでどんどん広がり、何百という数になりました。それが話題になり、テレビでも紹介されました。

こうして清水さんの夢ケーキが生まれたことを本で知りました。その本を読んで、清水さんの夢ケーキをそのまま真似しようとは思いませんでしたが、清水さんが夢ケーキに込めている思いは大切にしたいと思いました。

●「自分の夢はなんだろう?」

清水さんは夢ケーキにたどり着くまでに、いろいろな試行錯誤をされたのですが、その過程で取り入れたのが朝礼でした。清水さんは大嶋啓介さんの「てっぺんの朝礼」を実際に見に行き、衝撃が走り、その朝礼を取り入れたことを本で知りました。

「清水さんが取り入れた朝礼ってなんだろう?」と思い、大嶋さんの本『スタッフの夢とやる気に火をつける! てっぺん!の朝礼』を早速読んでみました。

「てっぺんの朝礼」とはご存知の方もいらっしゃると思いますが、「てっぺん」という居酒屋を経営する大嶋さんが、店舗の開店前に行っている朝礼のことです。スタッフ一人ひとりの本気を引き出し、最高の状態をつくりだすための「本気の朝礼」として話題になりました。

その本で読んで、またまた「大嶋啓介さんってすごいな!」です。「こんなに人って変えることができるんだ」と驚きました。

それまでほとんど本を読んでいなかったので、本を読むことがぜん面白くなったのです。大嶋さんのメルマガも読むようになりました。

その頃は、後輩をうまく育てるにはどうしたらいいのかに関心が向いていたので、そうしたテーマの本ばかりを選んでいきました。

あるとき、大嶋さんが広島に来ることを知り、講演を聞きに行きました。それは、大阪で蕎麦屋・しのぶ庵をされている大橋さんとのコラボのセミナーでした。

大橋さんは「夢を語れば、夢が広がり加速する!」と言います。意外なことばかり聞かされるので、「なんやこれ。この人はなにを言ってるの?」と少し戸惑いました。

そして「夢を語れば夢は加速する。それなら自分の夢はなんだろう」と、考えてみました。

自分の店を出して、自分のチームを作り、自分の思いをケーキに込める――。

1人ではなく、チームがいいと思いました。そんな店をやりたいなと思いました。

1人で店を出すことでも、夢は叶うと言えるかもしれません。しかし、1人で店を出すのであればいまの店で働いてればいい。それでは、いまの店で働いているのはなぜだろう……と考えたら、一緒に働く人がいるからだと思ったのです。

さらに、自分がやりたいことはなんだろう。自分が作りたい店ってどんな店だろうと考えていきました。

僕とスタッフが1人の店なら、師弟関係はあってもチームにはなりません。店で役割を分担して働くことを考えていくと、自分も含めて6人ぐらいの店が作れたらいいなと思いました。5人を育てていきたいなと思ったのです。

これで自分の夢が決まりました。あとは、いつ店を出すかです。

●関西に自分の店を出すことを決意

僕が自分の店をオープンしたのは2012年4月17日。検査入院したのは2010年の10月です。大嶋さんの講演会を聞きに行ったのが2011年3月で、その4カ月後の7月に花口さんの店を卒業しました。

2010年の年末から僕の人生は激変、激動の時期を迎えるのです。実家でのんびりしていたときの反動のように一気に動き始めました。

店のスタッフも、復活したら口調が変わっているし、昼休みに本を読むようになった。

そのうち「店を辞めて自分の店を持つ」と言い出したので驚いていたと思います。

花口さんには5月頃に、店を辞めたいと申し出たと思います。

僕が「店を出す」と聞いて、「いよいよですか」と言ってくれるスタッフもいました。倒れる前にも「横山さんは店を出さないのですか？」と聞かれることがありました。そんなときは「いつか自分の店を出すかもしれないけれど、いまではないかな」などと答えていました。「いまだ！」というタイミングを待っていたのかもしれません。

大嶋さんと大橋さんの講演を聞いた翌日から、店を出すための物件を探し始めました。23歳のとき、花口さんに会いに広島に行き、その日のうちに住む部屋を決めて帰りましたが、そのときの行動力が、ここで復活したのです。

店の仕事が終わった後、夜10時ぐらいに物件を探すため広島の町を車でまわったこともあります。

「広島で店を出すことも考えている」と花口さんに相談したところ、「横山くんは関西に帰って店を出すつもりだったんじゃないの」と言われました。

「広島は君の人脈もいろいろとあって、店をオープンするのに助かることも多いかもしれない。けれど、君は広島に店を出すために広島に来たのではないのだろう。地元に帰り関西で勝負してみたら、どうだ」

そう言われたので、関西に店を出すことに決めました。花口さんも関西で働いていて、地元の広島に帰ったのですから。

ただ、関西はケーキ屋の数も多くて大変だろうなという不安もありました。

場所としては、兵庫か大阪のどちらかというぐらいしか決めていませんでした。現在、店舗がある大阪の箕面市の場所を見つけたのは偶然です。

ほかの物件を見るため不動産屋さんの車に乗って案内してもらっているとき、たまたま土地を貸している看板を見つけたのです。

その場所にしようと決め、不動産屋さんに電話をしたところ、一週間後に契約を結ぶことになりました。それからの一週間で、周辺の人口や平均収入などを調べました。

契約をしてからもいろいろ調べました。といっても、専門の業者を頼んだわけではありません。自分で調べただけなので、それほど厳密な調査とはいきませんでした。

その後、事業計画書を作成するときは、さらに綿密に調べました。

契約は、更地があり、そこに大家さんに建物を建ててもらい、その建物と土地を借りるという内容でした。いわゆる建て貸しという契約です。建物は大家さんに建ててもらいますが、店を営業するための内装等は僕の負担となります。

●500万円の貯金で3300万円を借りる

5人を雇うと決めているので、必要な売上高も出ます。必要な建物の大きさもわかります。駐車場も5台分はほしい。すべてを計上しながら、必要な費用を出していきます。そもそも5人を雇うというところからの逆算なので、とてつもなく大きな数字になっていきました。

店の経営とは、こんなにお金がかかるのかと呆然としました。雇われているときはまったく知りませんでした。スタッフが1人増えたり減ったりするだけで、こんなにかかるお金が違うのかと驚きました。

雨の日の売上はこれぐらい、晴れの日の売上はこれぐらい……。ケーキ屋は季節により売上が変動が大きい商売なので、それも事業計画に入れます。店舗のまわりの人口、平均所得などのデータも集めました。

ケーキ屋の給料はそれほど高くないのですが、僕には仕事を始めたときからコツコツ貯めた預金が500万円ありました。しかし資金的には、内装に1200万円、ケーキを作る機械やショーケース等の什器に1500万円、それに運転資金等を合わせると3300万円が必要でした。預金ではまったく足りません。

そこで国民生活金融公庫（現・日本政策金融公庫）に借りに行くのですが、その前に箕面の商工会議所を通して相談しました。おかげで無事、借りることができました。

商工会議所の人からは「普通は500万円の預金があっても500万円しか借りることはできない。横山さんみたいに500万円で3300万円借りた事例はいままでありません」と言われました。

借りることができた理由は事業計画にあると思いますが、もうひとつの大きな要因は、僕のお金の貯め方だったようです。500万円を短期間に貯めたのではなく、19歳のときから毎月5000円、1万円というふうに本当にコツコツ貯めていたのです。

国民生活金融公庫は、相手がどのようにしてお金を貯めたのかを見るようです。そして、同じ店舗に13年間勤めたこともプラス要因になったようです。

土地建物を借りる家賃が毎月かかります。3300万円を借りるので、それも毎月返済していかなければなりません。もちろん、人件費や光熱費などの固定費も毎月必要です。それらを考慮に入れて事業計画書を作っていくと、毎日の売上として最低15万円が必要という計算が出ました。15万円ということは、500円のケーキなら毎日300個を売らなければいけません。気が遠くなるような話です。

しかし、広島の店は忙しい店だったので、それくらいの数字が当たり前という13年間を送っていました。なので、なんとかなるだろうと思っていました。いまから考えると、かなり無謀な話です。

●1日の売上目標は15万円！

事業計画書を作るときは、京都でケーキ屋を開いている知り合いの先輩にいろいろ相談に乗ってもらいました。その人のお店も規模が大きかったので、駄目出しをされることはありませんでした。もし相談にしたのが小さい店のオーナーさんだったら、「何を考えているんだ！」と言って止められたかもしれません。

また、小さい店でなく、忙しくて大きい店で働いていたおかげで、大きな店に必要なローテーションを作ることが可能になります。小さい店でしか働いたことのない人には、大きい店のローテーションを考えることは難しいのです。

よく「器が人を作る」と言いますが、働いている会社や店の規模によって、その人の裁量も磨かれるのだと思います。僕が小さい店で働いていたら、このような博打を打つことはできなかったでしょう。

もっとも、「1日の売上が10万円を超えることはかなり難しいですよ」とは、業者さんやほかの店で働いている後輩などから言われました。

「一人でやっている店なら1日3万円から5万円が目標になるのに、15万円なんて、1日にいったいお客さんが何人、必要なんですか!」

そう言って驚かれました。

しかも僕は店を始めるにあたり、自分を含めて6人の「チーム」で店を作ろうと決めていました。

このとき、僕には秘策がひとつありました。もし1日の売上が15万円に達しないようなら、週イチを予定している定休日をなくして無休にすればいい。この人数がいれば無休でもローテーションをまわすことができると思っていました。

定休日をなくして、人手はあるのでポスティングでチラシを配ったり、みんなで頭を絞ってアイデアを出し合っていけばなんとかいける。そう考えていました。

そうしたことを行うためにもチームが必要なのです。チームがあればなんとかなる。そう楽観的に考えていました。

もうひとつのプラス材料は、店舗のまわりの状況を調べたとき、近所に洋菓子店と和菓子店の数がとても多かったことです。こんなにいっぱいあるのかと驚きました。

たしか、店を出す場所から3キロ圏内に7軒くらいあったと思います。それがわかったとき、僕は「これなら大丈夫だ」と思いました。「こんなに競争相手が多いので大変だ」とは思いませんでした。

これだけの数の店が成り立っているのだから、まだまだチャンスはある。そうとらえました。

ただし、他の店と同じことをやっていてもお客様を集めることはできない。他の店との差別化ができれば、きっとうまくいくと考えました。それができれば、うちの店のケーキを買ってくれるお客様は必ずいると思いました。

●6人のチームメンバーがそろった

自分の店を持つのなら「チームを作ろう」と考えたのは、まず第一に退院後、自宅で療養しているとき「人を育てよう」と思ったことがあります。

「はじめに」に書きましたが、広島の店では部下のスタッフが何人も辞めていきました。円満に店を「卒業」して行った人もいますが、志半ばという状況で辞めていった人もいます。

志半ばで辞めざるを得なかった理由は、僕にも責任があったと思います。そのつぐないの意味も込めて、これからは人を育てていこうと決めました。

いまの自分ならそれができるのではないかと思いました。というより、人を育てることができないのであれば、自分の店を出す意味がないとさえ考えました。

「人を伸ばす、人を育てる、協力し合う」

それができるのが、チームなのです。僕はチーム作りに目を向けて、前に進んでいきました。

大阪で店を出す場所が決まり、契約を交わしたのが11月。そのときはまだ更地でしたが、大家さんや設計士とも相談をして、1月に地鎮祭、3月の中旬に建物の引き渡しという計画ができたので、開店を翌年の4月17日に決めました（その日に決めた理由はあとで説明します）。

次は、人をどう集めるかです。5人を雇うと決めていても集まらなければ話になりません。

1人は広島時代の後輩で、店を卒業して東京に行っていました。その彼に会いに行き、自分が店を出すことを話すと「手伝いに行きます」と言うので、「手伝いではなくて一緒に働いてほしい」と頼みました。

彼はいつか自分の店を出したいと言うので、「僕のところで5年働いてから店を出せば。独立するノウハウを一緒に学びながら頑張ろう」と言って誘いました。その後、広島の尾道に自分の店を開業しました。

次は洋菓子の専門学校に行って求人したのですが、担当の先生に求人票を貼るだけでなく、生徒さんと喋らせてほしいとお願いしました。求人票を見て興味を持ってくれた生徒を15人ぐらい集めてもらい、自分の思いを語ったところ、何人かが働きたいと言ってくれました。

一人ひとりと面談をし、京都にある知り合いの先輩の店で実際にケーキ作りをしてもらいました。その様子をチェックしたのですが、まず声が小さい人はアウトです。チーム作りを目指しているので、黙々と作業に集中している人もアウトです。

僕が選んだのは、楽しそうに作業をしている人、そして自分が作ったのと同じ商品を店で買って帰った人です。自分が作ったものと店の商品を比べてみようという意欲を買いました。その2人を採用することにしました。

もう1人は研修に来た専門学校の学生、これで4人。もう1人は姉に手伝ってもらうことにしました。これでオープニングスタッフの5人（僕を含めると6人）がそろいました。

3章

ワイスタイル流
人材育成法の基盤

●「ワイスタイル」のオープン！

「ワイスタイル」がオープンしたのは2012年4月17日ですが、このスケジュールは半年以上前から決めていました。この日は火曜日です。

火曜日にオープンした理由は、僕が勤めていた広島の店の定休日が火曜日だったからです。広島の店のスタッフ全員に手伝いに来てもらうため、オープンの日を定休日にしたのです。普通は金曜日か週末のオープンが多いのですが、あえて平日にしました。

店の場所が決まり、4月頃にはオープンできる目処がたったので、自分を奮い立たせる意味も込めて、あらかじめオープンの日付を決めました。

そして、そこに合わせて作業をどんどん進めていきました。

スタッフ5人のうち3人は新卒（専門学校）を予定していたので、4月の初めのオープンは難しいこと、それにゴールデンウィーク前のほうがいいので中旬にしたのです。

まだ店は何もできていない状態でしたが、スタッフとはどのように店にするのか、どのようなケーキを出すのかを相談しました。

patisserie Ystyle
パティスリー ワイスタイル
地域に愛される洋菓子を
Dans cette ville où les fleurs de cerisier sont magnifiques au printemps,
je confectionne des gâeaux jours après jours avec tout
mon cœur en pensant au sourire et au bonheur de mes clients.

このときに店の理念となる「ワイスタイルの3つの心得」を、みんなでミーティングをして決めました。「1 幸せを与える店」「2 コミュニケーションのある店」「3 向上心がある店」ですが、ここには僕が目指す「幸せいっぱい、夢いっぱい、喜びあふれるケーキ屋さん」という思いが込められています。

建築中でも通りがかった人や近所の人からは、どんな店ができるんだろうと注目されたりするものです。そこで「4月17日にケーキ屋がオープン」という告知の看板を立てました。そこにはQRコードが掲載してあり、読み取ると、僕がオープンの挨拶をする動画につながる仕掛けを専門家の協力を得て作りました。

新聞の折り込みチラシは、普通のチラシよりも少し大きめのA4サイズにして1万枚を入れました。周辺の人にオープンの告知を文章だけで伝えるチラシで、「このたびケーキ屋をオープンします。よろしくお願いします」というものです。

さらに、もう一回、Ａ４の２倍のサイズのチラシを４万枚、オープン前の週末に入れました。そのほか最寄り駅にポスターを掲示しました。

オープンフェアは２日間実施。オープン初日は開店前からお客様に並んでいただき、初日だけで１０００人が来店されました。

駐車場はあるのですが、２日間はクルマでの来店は遠慮してもらいました。４月で日差しが強いため、運動会で使うようなテントを２つ駐車場に張って日よけにしました。

取引先の業者さん10人にも手伝ってもらい、警備員も３人雇い、お客様が混乱しないように店の外は13人体制で臨みました。外で待っているお客様にはお茶もお出ししました。

警備員まで雇ったのは、オープンに際して多くの人に並んでもらえる自信があったからです。その自信は、業者さんとの打ち合わせ等で裏打ちされていました。

業者さんは数多くのケーキ屋さんのオープンを見ていて、データも持っています。なので、店の立地やオープン前にまいたチラシの枚数などから、だいたいどのくらいお客様が集まるか見当がつくのです。

オープン記念の特典サービスも、しっかり用意しました。1500円以上買っていただいたお客様には、後日に使える500円の金券を2枚、ほかに1000円ぐらいの焼き菓子もプレゼントしました。焼き菓子には自信があったので、一度食べてもらえればリピーターになってもらえると思ったからです。

特典のつけ方は業者さんにも相談して決めました。

ケーキ屋によっては、オープンの際に特典をつけなかったり、派手なオープニングをしなかったりする店もあります。本当はどんな店でも、オープニングはある程度派手に行いたいはずです。でも、それをしない店もあります。

その理由は、人手が足りないからです。人手が足りないため、行いたくてもできないのです。

派手なオープニングができない理由はわかっていました。一方、僕の店には人手はちゃんとあります。というか、人手を用意するために広島の店の定休日をオープンの日にしたのです。人手がしっかり集められるよう、事前に計画を立てたのです。

なので、1000人のお客様が来てもパニックにはなりませんでした。途中で商品がなくなることもありません。予想以上の売上を達成できました。

●最大の危機に直面する

オープンのフェアの2日間が過ぎても、4月の売上は順調でした。5月もゴールデンウィークと母の日があるので売上は順調。6月はあらかじめ落ち込みが予想できたので、オープン時にプレゼントした金券を6月末まで使えるようにしておきました。その効果もあって6月も順調でした。

しかし、夏場を迎える7月ぐらいから売上は徐々に下がっていきました。そして、9月にガクンと下がりました。「やばい!」と思いました。このときはピンチでした。開店からいままでで最大のピンチを迎えました。

そこでこのとき、週イチの定休日から無休に変えたのです。早くも売上が下がった場合の奥の手を使ってしまいました。切り札を切り、それ以来、ずっと無休です。

オープン前の計画でも、4月から6月はオープン記念のご祝儀もあり、なんとか大丈夫、夏場は厳しく、9月頃からはもっと厳しくなるとは予想していました。ところが、予想以上の落ち込みだったのです。


オープン時にはお客様にたくさん来ていただき、その後も勢いは下がりながらも続きました。オープン前の目標は1日の売上が15万円でしたが、オープン後は土日なら1日30万円、平日でも20万円の売上になる日もありました。

6月ぐらいから下がってきて、1日の平均が10万円前後になってきました。9月には10万円を切る日が、しばしば出るようになりました。

10月頃から涼しくなると、ケーキの売上は自然に伸びてきます。結局、無休にしたことと季節的な売上増で、最大のピンチをなんとか乗り越えることができました。でも、その年の9月は本当に焦りました。

いま考えると、その後はずっと順調な売上が続いているのですが、当時は月末になるといつも焦りを感じていました。月末の支払いをどうしようと頭を悩まし、不安で夜眠れないときもありました。

●夢ケーキの清水さんをワイスタイル流に呼ぶ

オープン1年目は、僕も店の厨房に入っていました。ケーキ作りの現場からスタッフに指示を出していたわけです。とはいっても、開店から閉店まで現場にいるのではなく、夕方頃にはみんなの働き具合を見ながら任せて、本を読んでいることもよくありました。

そして2年目から厨房に入る時間を減らし、できるだけ外に目を向けるようにしました。僕の考えとしては、1年目はオープンの年なので自分が現場に入って、仕事の流れをスタッフ全員にしっかり身につけてもらい、売上の数字等も自分で確認するつもりだったのです。その1年で店を運営していくベースを固めようと思っていました。

しんどかった9月を乗り越え、秋からは売上も回復し、1年でいちばん忙しいクリスマスもおかげさまで順調に乗り切ることができました。売上的にも安定してきました。

2年目の4月を迎えるにあたり、オープン1周年の企画を考え始めました。その企画へのアドバイスをもらおうと、商品を包むのに使う紙やカップを扱っている包材屋・フォーションの平賀さんとあれこれ話をしました。

すると「横山さん、2年目を迎えるけど売上の下がる夏に、ここにお菓子の先生を呼んで勉強会をしませんか」と言うのです。

僕が「いいですね」と答えると「誰か呼びたい人がいますか」と聞かれたので、「清水さん」と即答しました。『夢ケーキ』の本を書いた清水さんです。

「清水さんを呼ぶことはできますか」と聞くと「大丈夫です」との答え。「そういえば、横山さんは清水さんのことをよく話題にしてましたね」と言われました。

清水さんのお店があるのは長野県ですが、7月にワイスタイルに来てくれました。「大阪にちょっと変わったケーキ屋さんがいるので、ぜひ一度来てみてください」と誘われて、清水さんは大阪まで来たそうです。

その日は店を休みにしました。関西にあるほかのケーキ屋さんも、清水さんのケーキ作りを学ぶためワイスタイルに呼びました。

そのときに初めて清水さんと会ったのですが、夢ケーキの本を読んで感銘を受けて自分の店を持つことを決め、こうして自分の店を開くことができて2年目を迎えていますと、自己紹介しました。

歳も同じなので、これからもよろしくお願いしますと挨拶しました。

そして、自分も夢ケーキをやろうと思っていますと話しました。すると、「ぜひやりなさいよ」と言ってもらえました。「やります」と僕は答えて、2カ月後に夢ケーキの企画を実行しました。

本を読んだときから「いつか清水さんに会ってみたい、自分も夢ケーキを企画してみたいと考えていた」という思いを清水さんに伝えたのです。清水さんは「データ等も全部渡すから頑張って」と言ってくれました。

●ワイスタイルで夢ケーキがスタート

清水さんに会った後、すぐチラシを作り、8月に夢ケーキの募集をしました。ただし無料では難しいので、夢の絵を描いてくれた人に1500円でオリジナルの夢ケーキを作りますと告知してお客様（子供）を集めました。

その結果、十数名の子供たちが申し込んでくれました。清水さんと会った翌々月の9月にお渡ししたのが、ワイスタイルの夢ケーキのスタートです。以来、年1回毎年続けています。僕の店以外にも、夢ケーキを実施しているケーキ屋さんは全国にいくつかあります。

8月末までに夢の絵を描いてもらい、9月中旬の三連休にその夢をケーキにしてお渡しします。値段は現在、4000円にさせてもらっています。9月に渡しているのは、その頃はケーキ屋の売上が厳しい時期なので、お客様を集める話題作りも兼ねているからです。

子供さんが描いた絵をスタッフがケーキにするのですが、材料にはマジパンを使います。マジパンとは粉末のアーモンドや砂糖、水あめをこねてペーストにしたもので、粘土のようにいろいろな形に細工をすることができます。

マジパンを使うことで、夢が立体的な形になります。一つの夢は、1人のスタッフが責任を持って担当します。立体的な形にするのに最低1週間、長いと2週間くらいかかることもあります。当日は、ケーキの上にそれをのせてお客様にお渡しします。お客様は自分の夢が立体的なケーキになっているのを目にすると、喜んでくれます。

夢ケーキを作ると技術も学ぶことができるので、制作はスタッフに任せています。僕は仕上がり具合をチェックしています。

お客様に夢ケーキを渡すときは、実際にケーキを作ったスタッフが渡すようにしています。すると、お客様の喜びをスタッフは直接感じることができ、仕事への励みにもなります。パティシエという仕事の喜びは、このように自分が作ったケーキに対し、お客様に感動してもらえることにあります。

子供たちの夢には、例えば「サッカー選手」や「ネイルセラピスト」があります。これらをケーキで表現するには、それなりの技術力が必要です。スタッフの技術力向上にも役立ちますが、親子で夢ケーキを食べなが

ら、「わたしの夢はこれ」などという会話が生まれ、笑顔になってもらうことが目的です。

夢ケーキを見て子供たちが喜び、父親母親は目をうるませる。おじいちゃんおばあちゃんも一緒に、笑顔でそのケーキを食べる様子を想像すると、夢が広がっていきます。

担当したスタッフには「夢に向かって頑張れ！」というような手紙を添えるように言ってあります。すると、子供たちからも返事があります。「こんな素晴らしい仕事をしているんだ」と、スタッフは再度感じることができます。そして、その家族はワイスタイルのファンになってもらえます。

清水さんの本を読んだこと、実際に会えたことは、僕の人生にとって本当に大切な財産になっています。会いたいと思っていれば、いつかその人に会うことができます。いまでも清水さんとのつき合いは続いています。

●「チーム作り」には不可欠な毎朝9時半からの朝礼

前述したように、開店2年目からは店の厨房に入る時間をできるだけ減らすようにしました。そして現在、僕は店のケーキ作りの現場にはほとんど入っていません。

現場はスタッフに任せて、店の外でいろいろな人と会っていろいろな情報を集めたり、いろいろな人と会って新しいアイデアを考えるようにしています。それが、リーダーの役割だと思うからです。

そのため、スタッフと話をする時間はあまりありません。そこで、全員と直接顔を合わせることのできる朝礼を運営面では重視しています。

「てっぺんの朝礼」の大嶋啓介さんの本を読み、講演を聞いたことが僕の人生を変えるきっかけになりましたが、いまでも僕にとって朝礼は、とても大切な存在なのです。

朝礼は僕の考える「チーム作り」には欠かせないもので、ほかのケーキ屋との差別化のベースになっていると思います。

店のスタートは朝7時です。7時から開店に向けて戦争のような状態でケーキを作っていますが、朝礼は毎朝9時半から行っています。

店は無休なので、朝礼は毎日あります。9時半から9時50分まで、だいたい20分くらいです。クリスマス前などの繁忙期は少し時間を短くしますが、朝礼自体は欠かさずあります。

全員立って行いますが、まずは身だしなみのチェックです。白衣が汚れていないかなどを確認します。次はその日のスケジュールの確認です。連絡事項等があれば行います。

ここまでは、会社などでもよくある朝礼だと思います。うちの店の朝礼がユニークな点は、ここからになります。

次に「ワイスタイルの3つの心得」を全員で

声を合わせて言います。その日の朝礼の責任者となる日番が「ワイスタイル3つの心得」と言うと、全員で声を合わせて「1 幸せを与える店」「2 コミュニケーションのある店」「3 向上心がある店」と唱和します。

その次が「道徳の時間」と呼んでいる時間です。

これは、ソリューションという会社が出している「コミュニケーションブリッジ」という月刊の小冊子を教材に使います。「コミュニケーションブリッジ」には朝礼のネタになるような話が1カ月分載っていて、契約すると毎月送られてきます。

例えば「若もの、ばかもの、よそものになれ」という話が載っているので、それを日番が代表して音読します。

若ものは元気がいっぱい。ばかものは言われたことをまっすぐやる。よそものはその業界では常識外のアイデアを出す。この3つの「もの」を持ちましょう。持っていない人はダメですよ——というような内容です。

日番が読み終えると、一人ひとり感想を言い合います。「自分は単なる作業員にならないよう、新しいアイデアを出すようにします」という感想が出たりします。

最後に、僕が自分の考えを言います。そのとき、一人ひとりの意見に対する僕の感想を言葉にして、みんなの気持ちが共有できるようにしています。

これにより僕の考えていることがスタッフ全員に伝わりますし、スタッフは自分が考えていること、行っていることが僕の方向性と合致していることが確認できます。

このときの会話を、僕はとても大切にしています。

次に日番が「1分間スピーチ」を行います。テーマは自由です。家族の誕生日であれば、誕生日会でこんなことがありました、僕はこんなことを思いました、というスピーチを行い、終わったら、みんなで拍手します。

次が「昨日の気づき」の発表の時間です。

例えば、前日が休みだった人なら、勉強をかねて昨日行ってみたケーキ屋さんのケーキの感想や、その店に入って気づいたことなどを発表します。

前日の接客で気づいたことがあれば、良い接客や悪い接客の実例をみんなでシェアします。「お客様からこんなことを言ってもらい、私はうれしかったです。なので、みんなとシェアしたいと思います」という気づきを聞くことは、全員が良い刺激を受けることができます。

その次が「アファメーションの時間」です。アファメーションとは、自分自身に対して肯定的な宣言を行い、潜在意識に語りかけをすることです。例えば「私ならできる。私は幸せだ」などと自分に語りかけます。

うちの店の朝礼では、全員で「スイッチオン！　スイッチオン！　スイッチオン！」と3回大声を出します。そのとき、1回ずつ右手を大きく前に振りかざします。

その後に、その日の各自の目標を発表します。「笑顔で接客します！」「元気出していきます！」「楽しみます！」など、前向きな目標の発表を毎日行います。

最後に全員が輪になって手をつなぎ、「世界一楽しいケーキ屋にするぞ！」と宣言し、ハイタッチをして朝礼は終了です。

●コミュニケーション重視の朝礼を目指した

毎日このような朝礼を行っています。そう聞くと、毎日これだけ行うのは大変だと思うかもしれませんが、僕やスタッフにとっては当たり前のことになっているので大変だとはまったく感じません。

歯磨きを同じような毎日の習慣になっているので、「朝礼がないとなんだか調子が出ない」と言うスタッフもいます。

もちろん、新しく入ってきた人は驚きます。そして、初めのうちは小さい声しか出ません。でも、だんだん大きい声が出るようになり、2、3週間もすれば、みんなと同じくらいの声になります。

新しい人を雇うときは、正式に採用する前に研修の期間を設けています。研修期間中も朝礼に参加してもらうので、この朝礼が自分には合わないと思った人は、うちの店で働こうとは思わず離れていきます。

このような朝礼を始めたのは、店をオープンして1カ月後くらいからです。

オープンしたときから朝礼は行おうと思っていたのですが、開店当初はバタバタしていて、連絡事項を伝えるだけの朝礼でした。

1カ月ぐらいして少し落ち着いたので、ネットで「朝礼 コミュニケーション」というキーワードで検索したところ、現在、お世話になっているソリューションという会社を見つけたのです。

「朝礼」に「コミュニケーション」を組み合わせたのは、オープン前にみんなで考えた「ワイスタイル3つの心得」に「コミュニケーションのある店」とあるように、広島の店での苦い経験から全員のコミュニケーションを重視したかったからです。

ソリューションのホームページを見たとき、「てっぺんの朝礼に似ているな」と思いました。少し詳しく調べてみると、てっぺんの大嶋啓介さんの兄貴的存在の小西正行さんがやられているのがソリューションでした。てっぺんの朝礼を、よりシステム化したのがソリューションと言えるかもしれません。

この会社は朝礼に活用できる素材として「コミュニケーションブリッジ」を毎月発行してい

ます。ほかにもＤＶＤでハイタッチのやり方などを学ぶことができます。その中には、うちの店で取り入れている「スイッチオン」も入っていました。

僕はスタッフにそのＤＶＤを見せて、「この朝礼を毎日やろうと思う」と言いました。すると、みんなは「ええ⁉」と驚きました。それでも、僕は「みんなでアホになってみよう」と言って始めました。

初めのうちは恥ずかしがっていましたが、すぐにみんな馴染んでくれました。いまでは毎朝の当たり前の行事になっています。

内容は少しずつ変わっていますが、大きな流れは変わっていません。コミュニケーションブリッジとスイッチオンはソリューションの方法ですが、そのほかはうちの店のオリジナルも入っています。この形の朝礼を5年以上続けています。

●朝礼が「お客様を迎える空気」を作ってくれる

朝礼の効果にはとても大きなものがありますが、普通の会社と少し違う点は、毎日の仕事が朝礼から始まるわけではないことです。

店の仕事のスタートは朝7時で、全員がその時間から厨房に入って戦争のような状態でケーキを作り始めます。そして、朝礼の前までにおおよその商品を作り終えることが店のルールになっています。

生クリームを立てたり、スポンジを切ったり、フルーツを切ったりと、各自が分担に応じて作業をしています。開店と同時にショーケースに並べるケーキを作ったり、予約の入っているデコレーションケーキを作っています。本当に戦争状態です。

誰も声を出さず、黙々と自分の作業に没頭しています。声があがるときは「早くしろよ！」といったきつい言葉になります。つまり店全体が緊張感に包まれ、空気はピリピリしています。

その状態のまま開店を迎えると、どうなるでしょうか。

店を開けたとき、店内には殺伐とした空気が流れているに違いありません。そして、お客様が店に入ってくると「何かあったの？」と違和感を感じるかもしれません。そんな空気が残っているはずです。

しかし、開店30分前に朝礼を行えば、そのような空気を一掃することができます。

朝礼を行わなければ、作業の進行は早くなるでしょう。しかし、殺伐とした空気を入れ換えることはできません。

朝礼では、みんなでコミュニケーションを取り合い、ほぼ笑いも起こります。気持ちを切り替え、笑顔になるためのプログラムが組み込んであります。

その結果、リラックスした状態で開店を迎えることができます。お客様を迎えるときの雰囲気がまるで違ってくるのです。「今日も元気にお客様を迎えよう」という心構えが出来上がってきます。

朝礼を行い、お客様を迎える準備をしっかり整えてオープンしているので、入って来たお客様にもそうした空気を感じてもらえると思います。お客様が心地よく感じる空気を作るためにも、朝礼は絶対に必要だと僕は信じています。

実は、繁忙期には時間がもったいないような気がして、朝礼を行わなかったこともあります。しかし、何か物足りない気持ちがして、すぐ朝礼を再開しました。

ただし、クリスマスのときは少しコンパクトにします。コミュニケーションブリッジとスイッチオンだけにしたりしますが、朝礼をなくすことはありません。

朝礼は、ワイスタイルにとって絶対に不可欠なのです。スタッフも朝礼は当然あるものと感じています。そして、朝礼によって毎日お客様を迎える気持ちが作られることを実感していると思います。

●人には個性があり、大きく3つに分けることができる

現在、店の運営に活用しているツールが2つあります。「ＩＳＤ個性心理学」と「強み診断」です。

ＩＳＤ個性心理学は「一般社団法人　ＩＳＤ個性心理学協会」が主催で、生年月日と性格や能力の関係を統計的に処理したものです。「この誕生日の人には、こんな傾向の性格の人が多い」という目安を示してくれます。

強み診断は、自分の強みを「見える化」してくれるツール「ストレングス・ファインダー」を使うことで、日常生活や仕事で高い成果を出し続けるのに重要な自分の強みである「上位5の資質（才能の集まり）」を知ることができます。

いまは強み診断をメインに活用していますが、以前はＩＳＤ個性心理学の結果もスタッフ一人ひとりの性格に合った役割や伝え方の参考にしていました。

スタッフ各人の強みを活かしたチーム作りをするには、一人ひとりの個性を知ることがキーワードになると思います。そんなことを思っているときに、異業種交流会で出会いがありました。店をオープンした後はいろいろな人との出会いが必要と考え、時間が許すかぎり異業種交流会にも参加していました。

オープンして1年間はなかなか現場から離れることができませんでしたが、2年目になると少し余裕も生まれ、そうした時間を作ることができるようになったのです。そこで、多くの人と出会える場に可能なかぎり参加するようにしました。

より多くの人に会ったほうが情報は入りますし、店ばかりにいると自分の殻にこもってしまい、視野が狭くなるからです。やはり多くの人に会うと情報も手に入ります。

そうした出会いの中で、ＩＳＤ個性心理学の知識のある方から「人には個性があり、それは大きく3つに分けることができる」と教えてもらいました。

それを自分や店のスタッフに当てはめてみると、本当にピッタリきたのです。そして、「横山さんはこういうタイプですが、ほかの人は違うタイプなのです」とも教えられました。

●スタッフの個性を理解できればストレスは減る

ＩＳＤは中国の占いである四柱推命をベースにしていて、ひと頃ブームになった動物占いにも似ています。

具体的には、生年月日により人を大きく3つ「太陽・月・地球」に分類します。さらに、その個性を動物に置き換えてイメージ化したものが「12分類」「60分類」となります。ちなみに、12分類は「狼・こじか・猿・チータ・黒ひょう・ライオン・虎・たぬき・子守熊（コアラ）・ゾウ・ひつじ・ペガサス」です。

性格を動物キャラクターにたとえて分類することで、行動パターンや特性などを、より詳細に明らかにしていきます。

大まかに紹介しましょう。

月のグループが「こじか・黒ひょう・たぬき・ひつじ」で、人が好きなタイプ。誰とでも仲良くしたい協調性の持ち主で、悪く言うと八方美人な人。

地球のグループが「狼・猿・虎・子守熊（コアラ）」で、シビアな面があります。自立とマイペースがモットーで地に足がついていて、多少自己中心的なところもありますが、自立心旺盛な性質を持っています。

太陽のグループが「チータ・ライオン・ゾウ・ペガサス」で、気分屋の面があります。太陽のように輝いていたい人で、いつも自由に、自分の気分と願望を大切にしながら生きていきたいと思っています。

電化製品を買いに行ったときを考えてみましょう。

例えば冷蔵庫であれば、太陽の人には「世界初」とか「世界で有名なブランド」などのキャッチフレーズが目に飛び込んできます。月の人は製品の説明をしてくれた販売員の印象がよければ、その人から買おうと考えます。地球の人は値段重視です。ネットやチラシで価格をしっかり調べます。

この3つのタイプがわかっただけでも、僕にはとても興味深く感じられました。ちなみに僕は「月」グループの「こじか」です。

現在、ワイスタイルのスタッフは、月タイプが多くなっています。つまり、人好きが集まった店なので、お客様にとっても居心地のよい店になっているはずです。

太陽の人は突発的に話をするので、話題がいろいろなところに飛びます。地球の人は簡潔的に話をします。そして相手にも簡潔的に話をしてほしいと思います。月の人は話が長くなりがちです。こうしたことがだんだんわかってきて、面白いなあと思いました。

自分のタイプを知ることで、家族関係もうまくいくようになった事例もあると教えられました。それでさらに興味を持ちました。そして、これを店のチーム作りにも取り入れようと考え、勉強をしてみることにしたのです。

実際、ＩＳＤでスタッフが全員どのタイプに当てはまるのかを知り、それに合わせて話しかけたり、接し方を変えることで店の運営がうまくいくようになりました。

また、どのタイプか知ることによって、今まで「どうしてこんなことをするのだろう？」と疑問に思っていたスタッフの行動が、「このタイプだからムラがあるのか」と納得できることもありました。それがわかっただけでもイライラやストレスが減り、気分がとても楽になりました。

相手が「なぜこんなことをするのだろう、何を考えているのかわからない」。そうなるとストレスも溜まり、相手のことが嫌いになったりします。ところが、「このタイプだから、こう考えるのは仕方ないな」と思えるようになったのです。
これで本当に気持ちが楽になりました。

●自分では気づかなかった資質がわかる「強み診断」

その後、今度は別の知り合いから強み診断を行う「強み診断士」を紹介されたのです。『さあ、才能に目覚めよう ストレングス・ファインダー』という本があり、その中にあるコードを入力して質問に答えていくと、「自分の強み」が5つわかるようになっています。それを見れば自分のタイプがわかるわけです。これがまた、とても面白かったのです。

ISD個性心理学は、生年月日からその人の性格や個性を判断します。生年月日に基づいているので統計学的な傾向があります。

一方、ストレングス・ファインダーは、いま自分が考えていることをもとに質問に答えていくので、現在の自分が見えてきます。その結果を見ると、自分にピタリ当てはまったので「これはすごい！」と思いました。

そこで、まず僕自身が専門家による詳しい診断を受けてみました。その結果、自分では気づかなかった資質を知ることができ、また自分が普段から当たり前にしていることが実は強みなのだとわかりました。内容に十分満足したので、ほかのスタッフにも受けてもらうことにしました。

その結果、いろいろなことがわかりました。

例えば、ある女性スタッフは、いつも「自分は無理です。下手くそなので、もっと練習しないとできません」という感じの発言をします。それを聞くと、僕は「無理というマイナスの発言をすることが理解できない。わざわざ無理と言う必要はないだろう」と思ってしまうのです。

「無理とか言う必要はない。うまくなりたいから練習する。そう言えばいいのに」と思うのです。「下手ですと言う必要はない」と、いつも言っていました。僕はスタッフがマイナスの言葉を言うたびにそれを否定して、言わないように求めていました。

ところが強み診断を受けたところ、そのスタッフの強みの資質は「回復志向」という結果が出たのです。強み診断士によると、回復志向というのは、いまの現状に満足せず、ある一定のところまで伸ばそうという資質だと言います。

つまり「私はいま、これが無理だからこうなりたい」というのはマイナス思考ではなく、回復志向なので決して悪いことではないと教えてもらいました。「この人の資質のひとつなんだ」と納得しました。

「できないから」に着目すると「もっと前向きにならなければ」と思いがちです。しかし、実は「いまはできないからこうしよう」というのが、回復志向の人にとっての前向きな考え方なのです。

こうしたことが、スタッフ全員に対して一つひとつわかっていきました。

そして、そのスタッフには「いまはこうだけど、練習すればこうなるよね」と教えるように言うと、相手の理解もずっと高まるのです。

その結果、スタッフに対する僕のアドバイスの仕方や伝え方が変わっていきました。スタッフ一人ひとりの強みを見ながら最適なアドバイスをしていくのです。

●リーダーとは、みんなの方向を導く存在

強みの資質は「実行力」「影響力」「人間関係構築力」「戦略思考」の4つに大別され、

それぞれに色がつけられています。実行力が赤、影響力が黄色、人間関係構築力が緑、戦略思考が青です。またそれぞれが8から9の資質、合計34の資質で構成されています。

例えば人間関係構築力に属するのは、「適応性」「運命思考」「成長促進」「共感性」「調和性」「包含」「個別化」「ポジティブ」「親密性」の資質になり、この9つはすべて緑色になります。

専門家による診断では、まず130項目あまりの質問に答えます。その回答に基づき、各自の強みとして5項目の資質がわかります。

その結果について強み診断士が細かい説明をしてくれるので、多くの人は自分の強みに気づいていないので自信を深めることができるのです。

強みとは、当たり前のように自分が日頃から行っていることです。ただし、それが自分の強みだとはなかなか気づくことができません。それが自分の強みだと気づき、普段の生活や仕事に活かすのには、社会に出て10年くらいは時間がかかるのです。だいたい30歳くらから強みに気づくことができるそうです。

しかし、もっと若いうちに自分の強みを知り、その強みを意識するだけで、その人の行動や考え方は変わってくるはずです。そして、自信を持って自分の強みを伸ばしていくことができます。

例えば、強みに「活発性」の資質がない人に向かって、「元気を出せ！」と言っても無理なのです。言われたほうは、しんどくなるだけです。無理矢理に元気を出させるのではなく、最低ラインの元気を求めればいいのです。

「声が小さい、なかなか自分の意見を伝えてこない」と感じられる人がいたとしても、それ以外の強みを必ず持っているはずです。その強みを見つけ、そこを褒めてやれば、相手も自分で気づいていなかった自分の長所に気づくことができます。能力を伸ばすこともできます。

責任者というのは年功序列で決まることも多いと思います。しかし、責任者に「指令性」などの引っ張っていく資質を持たない人をあてると、リーダーとしてはふさわしくありません。

そこで、僕は「あえてリーダーは必要ないのでは」と思うようになりました。一人ひとりが自分のポジションで自分の強みを生かすようにする。強みを活かした自分の意見をどんどん言い合うことができれば、リーダー不要の強いチームが出来上がると考えたのです。

そして、そのようなチームができるようにスタッフを教育したのです。これが「強みを活かすチーム作り」に役立っています。

リーダーというのは、影響力を与える存在になります。現在のうちの店では、僕自身はリーダー的存在ですが、それ以外にはリーダーはいません。スタッフは全員がフラットな関係で僕とつながっています。

昔は僕も、リーダーとはみんなを引っ張っていく存在だと考えていました。しかし、いまではみんなで助け合って行ったほうがいいと考えています。なので、リーダーは必要ないのです。

ただし、方向を導く存在としてのリーダーは必要です。みんなに「あっちに向かっていくぞ！」と言うのではなく、「あっちのほうがいいのでは？　みんなはどう思う？」とアドバイスをする存在として僕がいます。

店に入って1年目の人でも、自分が必要とされているとわかるので能力を発揮しやすいはずです。ある意味では、全員がそれぞれのポジションでのリーダーという感じになっています。強みに合った役割を見つけて、各ポジションのリーダーになってもらうのです。この強み診断は、現在の店のチーム作りには欠かせないものになっています。

●スタッフの個性や強みに応じた役割を与える

5つの資質の色を見ると、その人の強みがおおよそわかります。例えば、僕は「ポジティブ・緑」「社交性・黄」「責任感・赤」「アレンジ・赤」「包含・緑」になります。「戦略性」の青は、5つの資質にはありません。

店には、僕を含めスタッフ全員の5つの資質をひと目でわかる「資質一覧表」を貼ってあります。それを見れば、各人の特徴だけでなく、店全体のチームとしての強みや雰囲気などがわかるのです。

ワイスタイルには、緑の人間関係構築力の資質を持つ人が多くいます。緑が多い人は人間関係をよくしようとする傾向があり、これはISDの「月タイプ」と共通する点があります。

緑が多いのは、「幸せ」「コミュニケーション」を店の心得にしていますが、そうした言葉に惹かれたスタッフが集まってきたからだったのです。ちゃんと理由がありました。

「影響力」は黄色ですが、僕はそのうちの「社交性」の資質を持っています。「だから、横山さんの店はうまくまわっているのですよ」と診断士の方に教えてもらいました。僕が違う色を持っていたら、リーダーのあり方もいまとは変わってくると思います。

リーダーはそれぞれに自分の強みを生かせばいいわけです。「あるべき論」で一律に考えるのではなく、自分の強みを知るところから始めるのは、リーダーとして組織を早く育て、成長させる近道になると思います。

強みは、正確には34個に細かく分かれます。この34の順位が人によって変わるわけです。1番がその人のいちばん得意なもので、34番目がいちばん苦手ということになります。例えば、僕は1番が「ポジティブ」で、34番目が「達成欲」になります。人によって34の要素の順番が変わってきます。

ただし、34個の資質全部の順番を見る必要なく、上位5つを見れば、だいたいその人のタイプがわかるわけです。

強み診断

実行力	影響力	人間関係構築力	戦略的思考力

横山由樹	佐野暢哉	上田空遼	重光俊祐	村山友太	横山翔
ポジティブ	慎重さ	個別化	戦略性	アレンジ	アレンジ
社交性	活発性	調和性	包含	信念	戦略性
責任感	最上志向	慎重さ	未来志向	ポジティブ	自我
アレンジ	責任感	成長促進	信念	調和性	コミュニケーション
包含	収集心	共感性	個別化	成長促進	達成欲

堀田奈美	上田晴香	武田真衣	山本さやか	和田珠与
成長促進	回復志向	回復志向	親密性	未来志向
共感性	調和性	ポジティブ	競争性	着想
適応性	共感性	公平性	達成感	戦略性
ポジティブ	個別化	アレンジ	目標志向	学習欲
親密性	責任感	包含	戦略性	共感性

現在の店のメンバーの一覧表は写真のようになっています。店を任せている二番手の人は、おおよそ「やさしい感じ」になります。

ほかには「個別化」が1番の人がいます。「調和性」や「慎重さ」「成長促進」が1番の人もいます。

個別化であれば、「人それぞれに考え方が違う」とものごとをとらえます。例えば、クラスで一人だけ本を読んでいる人がいたとします。その人を見たときに、個別化の人は声をかけようとはしません。この人はこのような生き方をしているのだと考えるのです。

僕の場合は「包含」という包み込むタイプなので、「輪に入ってないのは寂しい」と感じて「どうしたの?」と言って誘います。

僕は人に気楽に声をかけますが、個別化の人は他人に声をかけるのが苦手なのです。これは、良い悪いではなく、その人の「強み」ととらえるべきなのです。

このようにいろいろな考えの人がいること、自分とは考え方の異なるいろいろなタイプの人がいることがわかってくるわけです。

「慎重さ」がある人は、石橋を叩いても渡らなかったりします。つまり、「個別化」と同時に「慎重さ」があると、さらに人に声をかけることはしません。

「成長促進」は、人が成長していくのを見るとうれしいわけです。逆から見ると、人が成長しないのが嫌なので、いろいろなことを教えます。まわりの人が成長しないと自分が気持ち悪いので、どんどん教えます。面倒見がよいタイプの人です。

こうした傾向がわかれば、その人をチームのどのポジションにおけばいいのか、どの立場ならその人の強みを生かすことができるかわかってきます。

人間関係がつらくなるのは、ほとんどがストレスに原因があります。しかし、このように相手の強みがわかれば、とても楽になるのです。

「あの人は、どうしてこんなことをするのだろう？　なぜこんなことを言うのか」

そうした疑問や不安の理由が見えてくるので、とても楽なのです。なので、店のチームに関して、僕にはほとんどストレスがありません。

例えば、会議で僕が「こう思う」と言いました。それに対してスタッフの二人が正反対の意見を言って、お互いに譲らないことがあったとします。

そんな状態では話が進まず、イライラするでしょう。しかし、僕のチームではみんながほかの人の強みを知っているので、そんなことは起こりません。相手の言動に納得できるのです。この人はこのタイプだから、こういうことを言ったり、行動したりするのだと理解できるわけです。

そして、僕がそれぞれの人のタイプに応じた役割を与えることで、チームがより成長していきます。

新しく採用した人もしばらく一緒に仕事をしていると、「だいたいこんなタイプかな」と感じます。その後、強み診断を受けてもらうと、自分が考えていた資質とほぼ合致していたりします。

そして、普段から当たり前にやっていることがその人の才能なのだということに気づくことができたので、その才能を活かせる場所に置くことによって、生き生きと働いてもらうことができています。

また、店のスタッフの多くが縁の人間関係構築力の資質を持っているため、緑を持っていない人が新しく店に来ても、研修の段階で辞めることがあります。

僕としては、その人が緑を持っていないことがわかっていても、違うカラーの人が入ることでチームに広がりができるのではと思い、あえて採用してみたのです。しかし、強み診断士からは「横山さん、よくこの人を採用しましたね」と言われたりしました。

実際、その人はほかのスタッフとのつき合いがしんどいと感じて辞めていきました。

そんな経験をしたこともありますが、ワイスタイルというチームを作るうえでストレスがなくなったことは確かです。こんな大きなメリットはありません。人間関係で我慢や無理をする必要がないわけです。

誰かが失敗しても、「なんでこんなミスをするんだ」とイライラしません。ミスをした理由を推察することができるからです。ミスの原因が想像できれば、それだけでストレスは大きく減ります。

ＩＳＤ個性心理学で各スタッフの性格をある程度把握し、強み診断の資質で特性や強みを明確にします。その結果、コミュニケーション力の強化や各自の自信アップを促し、売上増にもつながっています。

朝礼とＩＳＤ個性心理学と強み診断、この３つの組み合わせが、ワイスタイル流の人材育成法のベースになっています。それらの相乗効果により「自分で考え、自分で動く人材」が育っていくのです。僕の役割はそれをサポートすることなのです。

●ワイスタイルの採用方法

求人はほとんどしませんが、求人のときは店頭にポスターを貼ったりします。そのポスターにはワイスタイルで働いてほしい人の条件を書きます。

「言い訳をしない人」「お菓子が好きな人」「家族を大切にする人」「人助けが好きな人」「人を喜ばせるのが好きな人」「素直な人」「そうじが好きな人」「明るい人」「自ら行動できる人」です。

そして、うちの店で働くことの特典も書いてあります。「成長できること」「シェフにおいしい店に連れて行ってもらえる」「誕生日にサプライズがある」「たくさんの人に愛されます」「新作ケーキを作ることができる」「イベントの企画を考えることができる」「自分が成長するセミナーに行ける」です。

ほかには、パティシエやパン職人のための就職・転職サイトのパティシエントに登録してあります。ケーキ屋を辞めた人がほかの店に行きたいと希望している場合、面接をするパティシエントの担当者がワイスタイルのことをよく知っているので、うちの店にふさわしいと思った人がいると「横山さん、このような人がいますがどうですか」と連絡をくれます。

そのほかに専門学校の先生からの紹介もあります。また、私の知り合いからの紹介もあります。なかには、店に来るお客様が「うちの娘をこの店でアルバイトで雇ってくれませんか」と言ってくることもあります。

僕が面接するときは、まず初めにこの店を知った経緯を聞きます。どんな人になりたいのかも聞きます。もっとも、ほとんどの人が「ケーキを作ることが好きなのでケーキ屋さんになりたい」と言います。そこで、僕は「好きと仕事にすることは違うよ」と言います。

面接をして採用しようかなと思った人には、初めに僕の思いを伝えます。僕が大切にしていること、ケーキ作りを教えてもらいたいのだったらほかの店に行ったほうがいいこと、僕は人を育てよう思って店をやっていること、そのために毎日朝礼をしていることなどを話します。

採用を決めた人には、まず研修を受けてもらいます。研修は朝礼から始まります。朝9時に来てもらい夕方4時ぐらいまでです。

研修では仕事を覚えるのではなく、みんなが何をやっているのかをしっかり見てもらうようにしています。スタッフには「今度研修の人が来るのでいろいろ声をかけてね」とお願いしておきます。

仕事としては、簡単な手伝いを行ってもらいます。研修期間は2日間で、2日目の夕方に、どうだったか感想を聞きます。ただし、「いま結論を出さなくてもいいよ。この場では言いにくいのなら、帰ってから連絡をくれてもいい」と言います。

もっとも、うちの店で働こうと思った人は、その場で「ここで働かせてください」と言いますが。

次は、まずアルバイトで働いてもらいます。僕のほうもどのような仕事ぶりか様子を見てみたいからです。

アルバイトをしてもらえば、だんだん仲良くなっていきます。アルバイトに来たということは働く気になっているので、アルバイトの途中で辞める人はほとんどいません。アルバイトから正式に採用となります。

だいたいは初めの2日間の研修で、うちの店でやっていけるかどうかは判断できます。

また、面接の際に誕生日を教えてもらい、ＩＳＤで個性を見ておきます。

社員として採用する場合は、必ず僕の思いを伝えて釘をさしています。

仕事というのは、学校とは違います。店のほうがお金を払って仕事をしてもらうのだから、「教えてください、教えてください」と言うだけでは駄目であること。「自分を何ができるのか」を自分自身でしっかり考えてほしい。

当然、いきなりケーキを作ることはできない。だとしたら、自分は何ができるのか。例えば、元気よく挨拶して店の雰囲気を盛り上げる。そんなことでもいいので、自分で考えてほしい――。

そうしたことを伝えると、相手はだいたい「えっ」と驚きます。でも、僕は伝えます。「チームとは、メンバー同士がお互いに尊敬し、協力し合うことで成長していくものだと思う。僕は、君がチームにふさわしい人だと信じて採用した。だから、ほかのメンバーから早く信頼を得られるよう、自発的に考えるよう頑張ってほしい」

このように念を押します。

朝礼に参加すると、初めは恥ずかしそうにしています。しかし、慣れてくるとだんだん大きい声が出るようになります。大声が出てくると、うちの店に馴染んできた証拠です。正式な社員になって1カ月ぐらいすると、多くの人が一度落ち込みます。それは、仕事で失敗をするようになるからです。何をやっていいのか、自分の中でいっぱいいっぱいになったりします。

そんな様子が見えてくると、僕のほうから声をかけてフォローします。

仕事を辞めたくなるのは、だいたい人から怒られたり失敗して、「この仕事は自分には向いてないのでは?」と思い詰めたりしたときです。

失敗が多くなると、仕事が嫌になります。自分は店の役に立てていないと思うと辞めたくなります。そういう気配が感じられたときは、僕もフォローをします。どう役に立っているのか具体的に教えたり、あるいは簡単な仕事を任せて小さな成功体験を味わえるようにします。

3日間ぐらい休みを与えてリフレッシュさせることもあります。一人暮らしであれば、実家に帰ってのんびり遊んでこいと言います。その際には、LINEで「こんな楽しいことがありました！」ということだけを教えてくれと言っておきます。

この程度のフォローでも、みんな元気になって店に戻ってきます。若い人は何かひとつでも嫌なことがあると、その嫌な部分がどんどん大きくなって、すぐ仕事を辞めたいとなりがちです。簡単に辞めたいと言ったりします。

しかし、ちゃんと話を聞いてみると、辞めたい理由はたいしたことではありません。結局、僕に話を聞いてもらいたかっただけということもあります。

4章

リーダーの心得

——人を育て、売上を伸ばす

●毎週参加するビジネス朝会

オープンから2年目を迎えると店の運営も軌道に乗り、僕にも少し余裕が出てきました。そこで、先述したように人と出会える場に参加するようにしました。店ばかりにいると視野が狭くなるからです。

自分は小なりといえども店を構える経営者、リーダーです。パティシエという職人であっても、店の外に人脈を作り、いろいろな経営者から学び、いろいろなビジネスのことも知るべきだと思いました。

その結果、ＩＳＤ個性心理学や強み診断などの新しい知識を身につけ、スタッフの能力を伸ばし、成長を促進することにつながりました。組織のリーダーは、異業種交流会など社外の人と出会える機会を積極的に活用すべきだと僕は思います。

僕の強みは「社交性」と「ポジティブ」です。異業種交流会などで楽しそうな人がいると、自分から近づいていき声をかけます。

僕が「ケーキ屋です」と自己紹介し、話がはずんでくると、相手は「今度ケーキを買いに行きます」と言ってくれます。ケーキなら値段も安いし、接点を持ちやすいというメリットがあります。

例えば税理士や弁護士だと、そうそう簡単に仕事上の接点を持つことはできません。しかし、ケーキ屋なら「ケーキを買いに行きますね」と気軽に言ってもらうことができます。おかげで知り合いが増え、さらにいろいろな情報に直接接することができるようになるわけです。

ただ、そうした交流の場は仕事の終わった夜に開催されることがよくあります。例えば19時のスタートで、経営者などゲスト講師の講演を1時間程度聞き、その後、名刺交換会を兼ねた立食形式の懇親会が催されます。

その際にはアルコールが供されることも多く、名刺交換した人と「今度、ゆっくりとお話を聞かせてください」と挨拶をしても、その場かぎりのつき合いになったりします。

次につながる出会いを得ることができなければ、時間とお金の無駄遣いになるだけ。実際、「あの会は行く必要がなかったな」と、あとで後悔したこともしばしばあります。

情報交換の場として毎週開催され、僕が5年近く、ずっと参加している交流会がありま
す。

この会の特徴はなんと言っても、開始時間が朝7時ということです。毎週金曜日の朝7時から始まり、9時頃まで情報交換が行われます。

僕はその会に参加している人から「面白いビジネス朝会があるけど、一度、参加してみない」と誘われました。「朝会」という言葉に魅力を感じたので、すぐに見学を兼ねてゲストとして参加させてもらいました。

この会には、もうひとつ特徴があります。それは「参加メンバーは一業種1人にかぎる」というルールがあることです。

例えば、弁護士は1人、税理士は1人、生命保険は1人、不動産業は1人というように、その朝会のメンバーには同じ業種の人がいないのです。ただし、保険でも「生命保険」と「火災保険」はカテゴリーが違うので、1人ずつメンバーになれます。

飲食関係でも「ケーキ屋」「和食」「中華」はカテゴリーが分われ、僕は「洋菓子」でメンバーになっています。

一業種1人にかぎっている理由は、メンバー同士で仕事を紹介し合うシステムになっているからです。

例えば、あるメンバーの知り合いに起業して法人登記をする予定の人がいるとします。会社を作るのであれば、オフィスを仲介する不動産業者、司法書士、税理士、社労士、ホームページ作成業者など、さまざまな専門家のサポートが必要です。

そこで、この人を朝会のメンバーに紹介すれば、ワンストップで必要な協力を得ることができます。その際に同業者が2人いると、どちらのメンバーに紹介するかトラブルになるといけないので、1人に限定してビジネスの紹介がスムーズに行われるようにしてあるわけです。

ゲストで参加してみて驚いたのは、メンバー全員に朝からとても活気があることです。そして、毎週会っているのでメンバー同士のつながりが深く、かなり濃いビジネスの話もできると感じました。

ほかの経営者の考え方や経営の仕方を学ぶため、セミナーや交流会にはよく参加していましたが、ひとつの会は多くて月に一度という頻度でした。名刺交換したあとに個別に会うこともできますが、それも一対一で会うことになり、情報やビジネスを共有し合える仲間（グループ）を作ることは難しいのです。

しかし、この朝会は週に一度必ず会うので、ほかの交流会に比べて仲間意識が断然強く、交換される情報量も仕事の質と量も違っていました。それが決め手となり、僕もこの朝会のメンバーになりました。

その朝会では、車屋さん、お花屋さん、税理士さんやコンサルタントなど、いろいろな職業の人たちからその業界ならではの考え方を学んでいます。起業する際に必要なスキルやその業界に向いている人の特徴など、外部の方から吸収できることはたくさんあります。

そして、そこで得た知識はいろいろと役に立っています。

例えば、うちの店で数年修行をして独立する女性スタッフに対して「ケーキ屋としてお店を出す以外にも、お菓子教室の講師やテーブルコーディネーターという道もあるよ」と選択肢があることをアドバイスできます。

また、そのスタッフの強みや将来を考えたうえで、まるで違う職種、例えばカラーコーディネーター等の仕事もあると伝えたりします。

自分の視野を広げるだけでなく、スタッフの可能性を広げるためにも積極的に外の人の話を聞いています。

もちろん情報収集だけでなく、売上にも直接つながっています。あとでも紹介しますが、朝会で介護業界の方を知り合い、毎月、介護施設で出張お菓子教室を開催することになりました。また、ブライダル業界の方には引き出物にお菓子を使ってもらえるようになりました。

●ANAのプレミアムシートのデザートに採用される

2017年と2018年には、ワイスタイルのマカロンがANAのプレミアムシートの機内食のデザートに採用されました。これも、僕が町中にある普通のケーキ屋のオーナーシェフとして店の厨房にこもっていたら、絶対に実現しなかったと思います。

私が情報を求めていろいろな人と知り合い、世界が広がった結果です。

ANAが機内食として新しい商品を探す場合、普通は大手のメーカーに話がいくはずです。それがワイスタイルに話が来たのは、ビジネス・マッチングフェアがきっかけでした。

ＡＮＡの機内食の担当者は、つねに新しい商品を探し求めています。ただし、その担当者がケーキを探そうと思って、いきなり町のケーキ屋を訪ねることは絶対にありません。どうやって探すのかというと、知り合いなどに「新しいケーキを知りませんか？」などと尋ねるわけです。

そこで、私はそうした担当者がどのようなことをしているのか、異業種交流会で知り合った方に相談したりして調べてみました。その結果、銀行や商店会、新聞社、セミナー会社などが主催するマッチングフェアによく参加していることがわかったのです。

マッチングフェアに商品を持って参加するには、例えば主催する銀行などに登録することが必要です。自分の店が扱っている商材などを簡単に紹介するアンケートなどに答えて登録すると、「今度このような催し物があります」というメールが届くようになります。

それに参加したいと思えば、商品を持って参加するわけです。

ただし、商品をプレゼンする時間は10分か15分ぐらいしか与えられません。一社の待ち時間はとても短いので、ポイントを簡潔に説明しなければいけません。

こうしたマッチングフェアに関する情報など、小さいケーキ屋さんはほとんど知りませんし、大手のお菓子屋さんでも意外に参加していないという現状があります。

あるマッチングフェアに参加し、ＡＮＡの担当者に「箕面市でケーキ屋をやっているのでよかったら見に来てください」とアピールしました。すると後日、「一度詳しい話を聞かせてください」と電話が来たのです。

話は順調に進み、プレミアムシートのお客様限定デザートに、なんとマカロンが採用されたのです。とんとん拍子に進んだことには、僕も驚きました。

最初に、もみじの形をしたフィナンシェ（焼き菓子）が1カ月間採用されました。翌年にはマカロンが採用され、これは3カ月間続きました

期間としては短いと感じるかもしれま

せんが、大事なのは採用された期間ではありません。「ＡＮＡのプレミアムシートに採用されたお菓子」というブランド作りができ、それを店頭やホームページ、催事の際のポスターでもアピールできることです。

おそらくワイスタイルのような町のケーキ屋がＡＮＡの機内食に採用されたケースなど、皆無だと思います。

その後、レクサスの販売店からも引き合いがありました。ショールームにあるカフェで、マカロンともみじのフィナンシェを出したいという引き合いでした。

これはＡＮＡで採用された後で、ＡＮＡでも採用されていることも、レクサスで採用される際のあと押しになったと思います。

●デパートへの出店、安野モヨコさんとのコラボ

デパートの催事にも、よく出品させていただいています。

デパートでは一週間単位ぐらいの催事で全国のケーキ屋さんが並んだりしますが、そのような催事にワイスタイルも出店しています。阪急、阪神、伊勢丹、三越という関西の主要なデパートには、すべて出店しています。これも店の実績としては大いにアピールでき

ます。

最初の出店のきっかけは、「催事のことでお話があります」という阪急デパートからの電話でした。そのとき、どうしてうちの店を知ったのか不思議だったので尋ねてみました。

「自分たちはいつも新しいケーキ屋さんを探していて、催事に出店しているケーキ屋さんにも『おすすめの店を知りませんか』と聞いたりする。すると、ワイスタイルさんの名前がいくつかの店の人からあがった」ということでした。

ただ、ワイスタイルの名前を言ってくれたケーキ屋さんのことを僕は知りませんでした。それなのにどうしてうちの名前を知っていたのか聞いてみると、どうやらケーキ屋さんにいろいろな商品や材料を卸している業者さんとの会話の中で名前が出たようです。

ケーキ屋のオーナーにとってそれらの業者さんは、いちばんの話し相手、相談相手、そして情報収集の相手なのです。「なにか変わったケーキはないの？　面白いケーキ屋さんはないの？」という話をいつもしています。僕も同じです。

そんなときに、ワイスタイルがしばしば話題に出たらしいのです。

話題にあがった理由は、まず第一にオープンと同時に5人もスタッフを雇ったことです。そんなケーキ屋は少ないと話題になったと言います。

オープン初日にすごい数のお客様が並んだことも話題になったそうで、そうした良い噂が流れたのです。「最近では珍しく、オープンの日に1000人のお客さんが並んだ」と、業者さんを通じてどんどん広まったようです。

デパートの催事への出店が始まったのは、ANAとのコラボの前です。ANAの担当者にデパートにも出店していることを話すと、安心してもらえました。

最初に阪急デパートに出店したことで、

関西にあるほかのデパートからも次々に声がかかるようになりました。いまでも大阪や神戸、京都のデパートには定期的に出店していますし、ターミナル駅の駅ナカにもときどき出店させてもらっています。

マンガ家の安野モヨコさんとコラボしたこともあります。

知り合いから「2015年10月31日と11月1日に、大阪で『日本女子博覧会』というイベントがあるのでマカロンを出店してもらえないか」という相談がありました。女性はマカロンが好きですからね。

すぐに了解したところ、もう一つ依頼がありました。安野さんがイベントに合わせてイラストを描くので、それをマカロンに印刷して限定品として特別に販売できないかという相談です。

僕としては、こうしたイベントにも積極的に協力するケーキ屋というイメージで、ブランド作りをできます。それに相談された方は顔が広く、いろいろな人脈を持つ人でした。これを機会につながりを作っておくと、新しい世界が広がる可能性があると思ったのです。

実際にその後、高級車ベントレーのショールームのオープン記念の商品としてマカロンを使ってもらうことができました。

このように店の外に目を向けることも、リーダーとして重要な役割だと思います。

●常連さんを「店のファン」として囲い込む

ケーキの業界がいちばん好調だったのは20年ぐらい前でしょうか。現在は新規オープンする店もそれなりにありますが、後継者がいなくて店を閉めたり、オープンしたけれど売上が伸びず閉店する店も多くあります。

トータルで見ると、横ばいという感じでしょうか。ただ、大手でも店舗数などは絞りこむ傾向にあります。

ほかの業界と同様に、この業界も一つの商品のライフサイクルが短くなっています。ショートケーキなど定番ものもありますが、新商品を次々に出していく目新しさも求められています。

ただし、僕は新商品の開発よりも店のファンを増やすことに重点を置いています。定期的に店に足を運んでくれるお客様がいちばんありがたいのです。

そして、ファンになっていただい方には自分や家族で食べるものだけでなく、プレゼントやギフト用にケーキや焼き菓子を使ってもらう機会が増えるようにいろいろなアピールを行っています。

僕はオープンしたときから、店のファンを作ろうと思っていました。広島の店には常連さんは多くいましたが、ファンと呼べるところまでの囲い込みはできていなかったかもしれません。

自分の店を始めるとき、近くの人に気軽に来てもらいたいと思いました。そして、店を開く場所は比較的年齢層の高い地域でした。そこで、「おじいちゃんおばあちゃんがケーキを買わなくてもいい。ただおしゃべりに来るだけでもいい」、そんな店を作りたいと考えました。

店のファンとは、僕のイメージでは「ケーキを買いに来たけれど、あなたに会いにも来たのよ」、そう言ってくれる存在ととらえていました。そんな人を一人でも多く作ろうと決めました。これは誰かからアドバイスを受けたのではなく、自分で考えました。

店のスタッフもそのファンのことを思えば、ある日突然、辞めるようなことはしないはずです。ファンの数が多ければ多いほど、そんなことができるわけがありません。

具体的なファン作りの方法としては、1年目は「お客さんと話をしよう。おしゃべりをしよう」と心がけました。とにかく、たくさんしゃべろうと思っていました。

これは僕だけでなく、スタッフ全員にもそうするように伝えました。もちろん、急いでいる様子のお客様に無理に声をかけるようなことはしません。

前にも買ってもらったことのあるお客様に「いつもありがとうございます。お宅は近所なんですか」という程度の声がけから始めました。あるいは、バースデーケーキを予約されたお客様に「どなたの誕生日ですか。何歳ですか」と話をして、次に来店されたら、誕生会の様子を尋ねたりするのです。

「1 幸せを与える店」「2 コミュニケーションのある店」「3 向上心がある店」という店の心得は、ホームページにも載せています。額に入れて店にも飾ってあります。ワイスタイルのすべてが、ここにあるのです。

このコンセプトからずれるようなことは絶対に行いません。そして、この3つのコンセプトを具体化するためにいろいろな企画を行っているわけです。

心得の「店」を「人」に変えてみましょう。

「幸せを与える人」「コミュニケーションのある人」「向上心のある人」、スタッフにはこのような人になってもらいたいと思っています。

そして、ワイスタイルにはそのようなお客様が集まると信じています。そのような人にファンになってもらえると思っています。

●ファン作りにつながるお菓子教室

店のある箕面市では、商工会議所が主催する「みのおまち商学校」という、いわゆる「まちゼミ」が開催されています。ワイスタイルもこのまちゼミに4年前から参加し、お菓子教室を開いています。これもファン作りにはとても役立っています。

接客のときの会話は「ありがとうございます。どこからいらっしゃったんですか」程度にかぎられてしまいます。お客様のほうも「近所に住んでるんですよ」「知り合いから、ここのケーキがおいしいと聞いたんですよ」などのやり取りになります。

そうした会話を行い、その人の顔と話した内容を覚えておいて、次に来た時には親しさを増すようにしています。

一方、お菓子教室では習いに来た人と1時間近く一緒にいることになります。自己紹介から始まり、お菓子を作りながらいろいろな話ができるので、一気に距離が縮まります。ファンというよりも、友だちに近い関係を築くことも可能です。

この距離感を大切にしたいので、まちゼミで定期的にお菓子教室を開いています。そして、お菓子教室に参加した人たちがワイスタイルのことを、さらに広めてくれるのです。お菓子教室は地元の人とコミュニケーションを深められる絶好のチャンスです。店の方針とも、まさに合致しています。


お菓子教室は親子でパフェを作ったり、デコレーションを教えたりします。場所は店の2階です。年に2回開催で、1回に3つの講座を開いています。

一つの講座が1時間から90分で、参加人数は5、6人です。参加費は材料込みで1000円から1500円。申し込み開始と同時に、いつもすぐ満員になります。申込者が多いと開催日を増やしたりします。教えるのは僕がメインで、助手としてスタッフ一人に手伝ってもらいます。

実は、スタッフに講師役を勧めたことがあります。すると、店内で自主的な勉強会が始まったのです。僕はなにも言っていないのに、仕事が終わってからみんなでワイワイ楽しそうに勉強会を行っていたのです。

スタッフの一人が講師役になり、ほかのスタッフが生徒役です。「先生、これでいいですか？」と講師役に質問したりします。

笑いが起こりながらも、実際の教室で想定される状況を再現し、対処しようと頑張っていました。その様子を見たとき、僕はスタッフの成長を実感できました。

介護施設でお菓子作りのイベントも行っていますが、これはお菓子教室に参加された方からの相談がきっかけになりました。その方は介護施設で働い

ており、「介護施設でも同じようなことができないでしょうか」と相談されたのです。
そこで、介護施設でお菓子教室を行ってみました。すると、みなさんにとても喜んでもらえました。いまではお菓子を40個作り、近くであれば交通費と材料費すべて込みで2万円で施設にうかがっています。

朝会のメンバーに、介護施設に入りたいと思っている人に自分に合った施設を紹介し仲介する仕事をしている介護職人の今仲さんがいます。その人に、介護施設に行きケーキを作ってきた話をしたところ、「自分はいろいろな介護施設を知っているので、その話をふってもいいですか」と言われ、このイベントが広がりました。

イベントには僕一人で行っています。つまり、一人でケーキを40個作って2万円の売上になります。材料のロスもありません。

1日の売上目標が15万円だとすると、このイベントがあると2万円が確保されます。もともと僕は店にいる時間があまりないので、その日の15万円の売上には直接的にあまり寄与していません。

その僕が2万円の売上を作れば、店としては助かります。しかも介護施設のお年寄りには喜んでもらえます。入居者から話を聞いたご家族の方が店に来られることもあります。

まさにＷｉｎ－Ｗｉｎのイベントになっていますし、スタッフも「ケーキ屋がこんなことまでできるとは思わなかった」と驚き、視野を広げることの大切さを実感してくれました。

●ニュースレターと名刺の活用法

辞めたいと言うスタッフが出たとき、僕は経営者として手を打ちます。つまり、次の求人の声をかけておきます。

それは一人でも抜けると店の雰囲気が暗く、悪くなるからです。そんなときには新しい空気を入れることで、みんなの雰囲気がよくなります。

新しい人を採用することが決まったのに、辞めると言っていた人が辞めずに店に残った場合は、スタッフが一人増えることになります。そのとき、僕は「売上を伸ばせばいいだけ」と割り切っています。

リーダーである僕にとって重要な役割は、チームの空気を悪くしないことだと思っています。悪い空気をそのままにしておくと、あっという間にチーム全体に広がっていくからです。

辞めると言い出したのでいろいろ話を聞いたけれど、結局、辞めることに決まったとします。その場合は辞める日を決めて、最後までは仕事をしっかりやり切ろうという話をします。

中途半端な形で店を辞めるのではなく、できるかぎり店に恩返しをして、ちゃんと卒業していこうと話します。辞めると決まっても、すぐ辞めることはさせません。ほかのケーキ屋ではすぐやめることも多いかもしれませんが、ワイスタイルはそのようなことを絶対にさせません。

「ケーキ屋の仕事ってこんなことだと思ってなかった」などと言って、短期間で辞めてしまう場合は仕方ありませんが、1年以上働いてくれた人には、ちゃんと卒業してもらおうと思っています。

卒業する日を決めて、みんなで祝って卒業させてあげたいのです。辞める人もよい形で店を卒業したいと思うはずです。「辞めたいけれど、ちゃんと卒業はしたい」、そういう気持ちになってほしいのです。

ワイスタイルのスタッフには全員、それぞれにファンのお客様がいます。これもうちの店の自慢できる特徴です。

お客様に黙って辞めていってほしくないので、「何月何日に○○が店を卒業します」と店のニュースレターに書きます。すると、最後の日には「今日で卒業するんですね」と多くのお客様が来店されます。

ニュースレターは毎月作っています。A4サイズの色紙の両面に印刷して、商品と一緒にお渡しします。秋であれば読書の季節なので、スタッフ一人ひとりのおすすめの本を紹介するコーナーを作ったりします。些細なことですが、スタッフの名前を入れることで、お客様にスタッフのことを知ってもらえるはずです。

また、スタッフ全員が名刺を持っています。その名刺を作る際の勉強会には3日間かけています。名刺の裏にはいろいろなコメントを書いてあります。例えば僕の名刺は写真のようになって、なぜパティシエになったのかというストーリーが簡潔に書かれています。

新人は接客のときに「今度新しく入った○○です」と言ってお客様に渡したりします。ケーキ屋は飲食店と違って、お客様と直接接する時間がとても短いのです。飲食店であれば注文を聞いたり、料理を出したりしたときに言葉を交わすことができますが、ケーキ屋は2、3分程度しか接客時間はありません。

常連のお客様は店のファンになってくれているので、新しいスタッフが入ると、どんな人なのか気になります。そこで、名刺を渡して「よろしくお願いします」と言ったり、ちょっとした言葉を交わしたりするわけです。名刺もファン作りの一環として行っています。

社員になった時点で名刺を作りますが、名刺作りの専門家に任せています。人と企業の価値を高める専門家、バリューアップ・コンサルタントの上林達矢さんです。新しいスタッフには6時間もかけて、ワイスタイルを選んだ理由や大事にしていること上林さんの勉強会で発表してもらいます。

なぜパティシエになろうと思ったのか、これからの目標なども聞きます。その際に名刺の活用方法のレクチャーも受けます。そして、僕が時間と費用をかけて名刺を作っている理由も説明してもらいます。

このような名刺を持っているケーキ屋のスタッフなど、ほかにいないことも話します。顔写真と自分の思いが載った名刺は、他店との差別化を図る頼もしいツールになっています。

もうひとつ、「プロフィールカード」もあります。

コルクボードにスタッフの似顔絵と出身地、得意なこと、生年月日、趣味などが書かれた紙が全員分、貼ってあります。これがプロフィールカードです。

これを見たお客様はそのスタッフの情報を知ることができるわけで、自分との共通点を見つけると、お客様のほうから話しかけてくれます。名札をつけているので、どのプロフィールカードのスタッフなのか確認ができます。

少し口下手なスタッフもいますが、プロフィールカードがあることで、お客様から気軽に声をかけてもらえるという効果があります。

●自分のファンを後輩に紹介して卒業する

スタッフが店を卒業するときは「何年勤めた○○が何日に店を卒業しますので、ぜひ会いに来て下さい」と、僕はお客様に声をかけておきます。

すると、ニュースレターを読んだ人と合わせて、たくさんの方が来てくれます。花束を持ってこられる方もいらっしゃいます。一緒に記念写真を撮ったりします。

卒業するスタッフが「これからは私の代わりに◇◇も応援してくださいね。頑張っているのでよろしくお願いします」と、後輩を紹介します。紹介されたスタッフは名刺を渡してお客様に挨拶することができ、自分のファンを作るスタートになるわけです。

先輩が卒業した後、そのお客様が店に来ないとします。すると、紹介されたスタッフは寂しい気持ちになります。自分の力不足を教えられるわけです。そうならないよう「自分も頑張ろう、ファンを作ろう」と仕事に張り合いが生まれます。

そして自分が卒業するときも、同じようにお客様から祝福してもらいたいと思うはずです。そうなれるように頑張ろうという励みにもなります。みんなから祝ってもらい、送り出してもらいたいと思うでしょう。

だいたいみんな、3年から4年で卒業していきます。私としては、もっと長く続けてもらいと思います。せっかくそこまで育ったのですから、もっと店の売上に貢献してもらいたいというのが本音です。

しかしワイスタイルは学校なので、いつか卒業していきます。そして、また新しい人を迎え、僕の「自分で考えて行動することのできる人材育て」が続いていきます。

5章

リーダーに求められる「5つの仕事」

●リーダーとは？

カリスマリーダーはいらない

リーダーという言葉を聞くと、すぐ頭に浮かぶのはカリスマ的なリーダーの姿です。織田信長や坂本龍馬、あるいはソフトバンクの孫正義さんやユニクロの柳井正さんなどをイメージする人も多いでしょう。

僕も以前はカリスマ的なリーダーにあこがれました。広島の恩師・花口さんは僕にとってカリスマ的な存在で、あこがれの人でした。しかし、自分の店を出すにあたりチームを作ろうと考えたとき、花口さんと同じように店を運営しても僕ではうまくいかないだろうと思いました。

花口さんみたいなカリスマ性がない僕には、花口さんとは違うリーダーのあり方が必要……。そう考えて行きついたのが「人を伸ばす、人を育てる、協力し合う」というリーダーの姿です。自分はそのような存在になろうと決めました。

カリスマリーダーは魅力的な存在です。その魅力にあこがれ、少しでも近づこうと、その人の真似をしたりします。しかしその結果、自分の強みを見失ったり、見つけることが難しくなったりすることもあります。

それでは若い人が伸びていくことができない……。僕のチームにはカリスマリーダーは必要ないと考えたのです。

ケーキ屋の中には、カリスマ的なパティシエが作ったケーキを買うためにお客様が集まる店もあります。しかし、そのような店はそのパティシエのカリスマ性にすべてが頼りきりになる可能性もあります。パティシエの言うこと、やることが絶対になりすぎて、スタッフはなかなか伸びることができないかもしれません。

僕が目指したのは、パティシエのカリスマ性に頼った店ではありません。それよりも、お客様にスタッフ全員が生み出す心地よい空気を感じてもらいたいと思いました。

「このお店の人はみんな感じがよくて、居心地がいい」

お客様にそう感じてもらえる店を作ろうと決めました。カリスマ性に頼るのではなく、スタッフ全員が力を合わせて、お客様に喜んでもらえるケーキ屋を作りたかったのです。

カリスマリーダーの下で働いていると、「自分はこの人の下で働くことができている」

と、その場にいることに満足してしまいがちです。「あこがれの人の下で働いている自分」という存在に満足してしまうのです。

一部上場の大企業など、いわゆる「立派な会社」に勤めていると、同じような気持ちになる人もいるかもしれません。大企業に勤めていること、その会社で部長等の肩書きを持っていることに満足している人もいます。

大企業の名刺を出すと、相手が「立派な会社にお勤めですね」と言ってくれることに喜びを感じてしまうのです。実際には、「会社は立派かもしれないけど、この人が立派とはかぎらない」ととらえている人も多いのに、その現実に気づいていません。そんな状態は気の毒だと思います。

リーダーは、尊敬されることは必要でも、カリスマになる必要はないのです。尊敬されるとは、「この人のようになってみたい、この人のように生きてみたい」と部下から思われることだと思います。

「尊敬している人は誰？」と子供に聞くと、「お父さん」と答えたとします。そのときに子供は「お父さんみたいになりたい！」と思っているはずです。

なので、私はスタッフから尊敬される存在であろうと思っています。同時に、私はスタッフ一人ひとりを尊敬しています。この尊敬し合うという関係を大切にしています。

「リーダーは大変な仕事」という誤解

「リーダーは大変」、そう思っている人は意外に多いかもしれません。

その理由は、責任が増えると思っているからではないでしょうか。だからリーダーになるのは嫌だと思うのかもしれません。

あるいは、リーダーになるとほかの人よりも仕事で優れた結果を残さなければいけないと思い込んでいるのかもしれません。だから、リーダーになる自信がなかなか出てこないのでしょう。

そう決めつける必要はありません。リーダーにもいろいろなタイプがあっていいと思います。自分に合うリーダーのあり方を考えればいいのです。

僕は、店の二番手になるスタッフには「自分に合うリーダーのあり方を考えればいい」と伝えています。グイグイ引っ張っていくタイプのリーダーもいます。みんなのフォロー役に徹するリーダーがいてもいいでしょう。無口な人でもリーダーになれます。

自分が影響を与える相手をやる気にさせて、伸ばしていくことがリーダーの役割です。その目的を達成することができれば、どのような方法でもいいのです。そのことを理解していれば、誰でもリーダーになれるはずです。

多くの人が、リーダーという言葉に対して「こうあるべき」というイメージを決めつけすぎているのではないでしょうか。もっと柔軟に考えればいいのです。

みんながカリスマリーダーになる必要などありません。カリスマリーダーを思い浮かべると、「自分はあんな人にはなれない」と思うに決まっています。

組織に必要なのはカリスマリーダーばかりではありません。自分に任せられたチームをどのようなチームに作っていくのかを明確にして、自分の強みに基づいて、自分に合った方法でチーム作りを行えばいいのです。

大切なのは、自分の思いをスタッフ全員にしっかり伝えることです。

無口でもいいのですが「自分が言わなくても、以心伝心でみんなはわかってくれているはず」は通用しません。言葉にするのが難しいのであれば、手紙を書くという方法もあります。昔のように「オレの背中を見てついてこい」は、いまの時代には通用しません。ケーキ作りの世界で言えば、以前は先輩の仕事を見て技術は自分で盗むという料理人の世界と同じような時代もありました。しかし、さま変わりしました。いまは動画で教える時代になっているのです。

僕はスタッフと手紙の交換も行っています。

クリスマスは1年でいちばん忙しい時期ですが、25日まで働いて26日は休みにしています。そこで25日の夜に、クリスマスのお疲れさん会と忘年会を兼ねて会を開きます。

そのとき、全員が一人ひとりに手紙を書いて封筒に入れた手紙交換をします。思いは口で伝えるより文字にしたほうが残るからです。僕を含めてスタッフ全員が、自分以外の一人ひとりに手紙を書き、自分以外の全員から手紙をもらうわけです。

書く内容は感謝の言葉です。「いつもこういうところを頑張ってくれて助かります。ありがとう。いつもこういうことが素敵だね」など、日頃の感謝を言葉にして伝えてほしいと言ってあります。

時間の切り売りで働くような人は採用しない

現在、店のスタッフは全員20代で、若い人ばかりです。

若い人の考えていることがわからない。そんな悩みを抱えているリーダーも多いと思います。価値観も含めて何を考えているかわからないという不安があるのでしょう。

しかしそれは、世代の違いや時代の違いではなく、相手のことをわかろうとしていないのかもしれません。

そして、何を考えているのかわからないというのは、若い人たちもリーダーに対して同じように思っているはずです。もしかしたら、リーダーよりも若い人たちのほうが、より強く思っているのかもしれません。お互いさまなのです。

若い人たちは、自分のことや家族のことを目上の人には言いたくない、教えたくないと考えている。そんなことを聞くと「仕事には関係ないでしょう」と言われてしまう――。

もしかしたら、そう思い込んでいませんか。

僕は、縁があって採用した若い人を「育てる」という決意を持って臨んでいます。ただ単に、給料分の仕事をしてくれればいいとは考えていません。

家族同様とまでは言いませんが、チームの仲間として育てていこうと考えています。そうした心構えがベースにあるので、コミュニケーションを取り、お互いが考えていることを理解し合うようにしています。それを嫌がる人が店を辞めるのは仕方がないと割り切っています。

この仕事をやりたいわけではないけど、仕事をしないと生活できないので、時間を切り売りして給料をもらっている。そんな働き方をする人を僕は求めてはいません。

僕は自分が育てたいと思う人しか採用しません。時間の切り売りをするような働き方をしようと思っている人は採用しないわけです。たとえバイトであろうと、働く理由がお金だけであれば採用しません。

最初の面接のとき「ケーキ作りを学びたい」と言う人に、僕は「それだったらほかの店に行けば」と言うことがあります。

「僕はケーキ作りを教えるのではなく、人を育てることを自分のテーマ、働く目的にしているので、あなたの求めているケーキ作りを教えることはできないかもしれません。なので、ほかの店に行ったほうがいいですよ」

そう言ったりするので相手は驚きますが、僕の言葉を聞いて何か感じるところがあった人は「この店で働いてみよう」と思ってくれます。

僕には、パティシエのプロを育てようという意識があまりありません。どの業界でも働くことのできる人を育てようと思っています。

そこで、洋菓子作りが未経験や専門学校を出たばかりの人には基本的なケーキの作り方を教えたうえで、コミュニケーションについてしっかり教えています。また、ある程度の経験を持つ人にはケーキの作り方のほかに、人の育て方や指導の方法、お客様に喜ばれる店内の作り方、店やイベントでの集客方法、マーケティングの勉強などもしてもらっています。

コミュニケーションや人の育て方を教えている理由は、自分の思いや考え方を積極的に発信し、まわりを巻きこみ、人を育てることのできる人間になってほしいからです。

僕はそういう人のことを「自分から火をおこす人」と呼んでいます。世の中には「火をおこす人についていく人」や「火をおこせない人」もいますが、僕は「自分から火をおこして、まわりも燃えさせる人」を育てていこうと思っています。

自分から火をおこせる人は、たとえ違う職種、違う業界に転職してもちゃんと通用しますし、社会から必要とされる存在になるからです。

なかには自分で火をおこすことが苦手の人もいますが、そうであれば、火をおこす人を応援する人になってほしいと思います。火を消すような人には、絶対になってほしくありません。

＊

リーダーの仕事には大きく分けて5つあると思います。

「1 話を聞く、褒める」

「2 仕事を振る、任せる」

「3 具体的に伝える」

「4 未来を見せる」

「5 自分が楽しい仕事をする」

それぞれについて僕の考えを書かせていただきます。

●リーダーの仕事①　話を聞く、褒める

信頼関係は相手の話を聞くことで築かれる

リーダーとしての自信をなくしてしまう原因には、前のリーダーと同じことを踏襲する、真似をするという点が考えられます。リーダーにとって大事なのは、自分自身の強みを生かすことです。前任者と同じようにやることではありません。

自分にふさわしい方法が前任者と違うのであれば、やり方を変えればいいだけです。いままでとやり方を変えると下の人間が不安に思うのではと、新しいリーダーは心配するかもしれません。そんな不安を感じると組織がうまくまわらないのではと気になるのであれば、自分の考えをみんなにしっかり伝えてください。

組織が混乱する原因は、「リーダーが何を考えているのかわからない」にあるのです。

僕が勤めていた店での体験です。

店で現場を任されていたリーダーが辞めて、二番手の人が責任者になりました。しかしスタッフはみんな、新しいリーダーについていくことができませんでした。

理由は、新リーダーが下の人間を信頼していなかったからです。上から目線で「これをやれ、あれをやれ」と指示を出すだけだったのです。これでは下の人間はリーダーを尊敬することはできません。リーダーが下の人間のことを認めていれば、そのような態度をとるはずがありません。

前のリーダーと同じことをしてもうまくいかない場合、前の人は部下からの信頼や尊敬があったのに、新しいリーダーにはそれがないことが考えられます。信頼関係や尊敬がなければ、同じことをやっても組織はうまくまわりません。

では、どうしたら信頼関係を築くことができるのでしょうか。

基本は、相手の話を聞くことだと思います。話をよく聞き、コミュニケーションを取る必要があります。相手に「この人のために」という思いがなければ、信頼関係は生まれません。

リーダーが交代して新しい人になると、部下はだいたい警戒します。しかし、どのようにしていくのか、その方向性をリーダーをまじえて、みんなで話し合えば必ずうまくいくと僕は考えています。

誰でもできそうなことをやっている部下ほど褒める

僕は、スタッフが行っている「当たり前のこと」を褒めています。

例えば、いつも元気に「おはよう」と言ってくれるのであれば、「元気な挨拶をありがとう」と言います。仕事以外のことでもいいので、その人の当たり前のことを褒めるようにします。極端なことを言えば、「毎日ちゃんと仕事に来てくれてありがとう」と褒めてもいいのです。

会議で新しいアイデアを出し合うと「できません」と言って、できない理由ばかりを並べる人がいます。何ができるかを考えたいのに、「これも無理、あれも無理」としか言いません。チャレンジしようとする人の足を引っ張ることしかしないのです。

僕の店のスタッフにはそんなタイプはいませんが、知り合いに話を聞くと、そんな人が本当に多くいるようで驚かされます。知り合いの経営者も、よく頭を抱えています。

そうした悩みを抱えている人への私のアドバイスとしては、できない理由ばかりを並べる人に「小さなことでもいい、ひとつだけでもいいので、自分にできることをやろう」と言うのはどうでしょうか。

小さな成功体験をひとつしてもらうのです。そこから自分に自信を持ってもらうのが、いちばんいいのではないでしょうか。

若い人は褒めることでどんどん伸びる

若い人には、簡単なものでいいので役割を与えましょう。それをちゃんと行うことができれば、「君は○○ができるようになった。伸びたね」というように具体的に褒めてあげます。これを行えば、若い人は絶対に伸びていきます。

例えば「来月、お客さんが店に集まる企画を考えてほしい」と言ってアイデアを出してもらいます。アイデアが出てきたら、その内容はさておき、アイデアが出たこと自体を褒めます。そして、その企画で実際にお客様が来たら当然、そのアイデアを出した人も喜びます。なので、お客様が来たことを褒めてあげます。

その際には本人だけではなく、その人をフォローしたまわりの人も一緒に褒めてあげましょう。個人の力ではなくて、みんなでやったこと、チームでお客様に喜んでもらえたことを褒めるようにします。これによりチームは、さらにまとまっていきます。

「最近の若い人は使えない」は、使い方が悪いから

「最近の若い人は使えない」と言う人がいますが、それはその人の若い人の使い方が悪いだけです。僕は、若い人にはよいところがいっぱいあると思っています。

それまでの経験によって考え方が固まっている年齢の人よりも、考え方が柔軟な若い人のほうが育てやすいと思います。

いまの若い人たちの多くは、「誰かのために」という思いを持っています。自分のためにではなく、誰かのためになのです。それは、自分のことを誰かに認めてもらいたいという思いが根底にあるからかもしれません。

例えば、同じ店で働く先輩から自分の仕事のやり方を認めてもらいたいと思っていますが、それ以上に自分の存在自体を認めてもらいたいという思いが強いのです。自分の仕事内容を褒められるにしても、上司一人から褒められるのではなく、一緒に働くみんなから褒められたいと思っています。それによって自分の存在がみんなから認められていると確認できるからです。

店のスタッフは僕から褒められると、もちろん喜びます。しかし、お客様から「あなた

がいるからこのお店にケーキを買いに来たのよ」と言われると、より喜びます。

そして、まわりから認められたり、褒められたりすると、その人はどんどん伸びていきます。「褒めて伸ばす」とは、よく言われることです。ただし、そのときに褒めているのは、相手の行ったこと、作業を褒めているだけかもしれません。

例えば、「おいしいケーキを作ることができたな」と褒めたときは、おいしいケーキを作ることができたという作業はほめていますが、相手の存在まで褒めているわけではありません。

僕はその人の存在を認める褒め方をしたほうがいいと思います。より本質的なところを褒めるのです。

例えば、駅ナカに出店した催事の売上がよかったとします。「こんなにいっぱい売ってくれてありがとう」という褒め方は、たくさん売ったという行動を褒めています。

「君の強みである喋りを生かしたことで、お客様がいっぱい集まってくれた。だからたくさん売れた。ありがとう」

こう褒めれば、相手の本質的なところを褒め、その存在を認めてあげることができます。チーフであれば、「君がみんなをまとめてくれたので売上もよかった。ありがとう」と、日頃からリーダーシップを発揮していることを認めて褒めていきます。調和性が強みのスタッフであれば、「みんながしんどいのに、君が声を出して励ましてくれた。ありがとう」と褒めます。

このように一人ひとりが自分の強みを生かし、頑張ってくれることを褒めるのです。行動だけではなく、その人が持っている本質的な強みを褒めます。

作業だけを褒めるのではなく、その人の強み、本質的なところを褒めることで、強みをさらに伸ばすことができ、より前向きに仕事ができるように導いていくわけです。

僕は、スタッフ一人ひとりの能力を比べないほうがいいと思っています。人はそれぞれに強みが異なるからです。

「A君はこれができるのに、B君はできない」。このような比較はいちばんよくないと思います。「B君はこれができないけど、あれならできるね」と言ってあげるのです。

あるいは、「これができるようになると助かるね」と具体的に言ってあげるべきです。

このように言えばB君も理解してくれます。

●リーダーの仕事② 仕事を振る、任せる

企画のアイデアを振って、仕事に張り合いを持たせる

ケーキ屋という仕事には、職人的な面が強くあります。ただし、ケーキを作るだけであれば、工場でケーキを作るのとなんら変わりはありません。つまり、どんなケーキを作るか自分で企画したり、自分が作ったケーキのファンを作らなければケーキ屋で働いている意味がありません。

お客様の目線になり、新作ケーキのアイデアを考えることも企画です。お客様と一緒にお菓子教室を開いてケーキ作りをすることも企画です。そうした企画をつねに考え、僕に提案したほうが仕事に張り合いが出るはずです。

ケーキ屋で働いていると、ケーキ作りを修行して学び、自分の店を出せば店は流行ると安易に考えている人が多くいます。お客様がケーキを買いに来るのが当然と考えている人さえいます。

しかし、現実はそんな甘いものではありません。企画の勉強をしないと、店を流行らせ

ることはできません。

そこで、僕はつねに企画を考えることを求めています。専門学校を卒業して店に来たばかりのスタッフでも同じです。「どんなケーキが売れると思う？ お客様はどんなケーキを求めていると思う？」といつもスタッフに問いかけて、自分の言葉で答えてもらうようにしています。

ときにはスタッフの答えに、僕としては「どうかな？」と疑問を持つこともあります。しかし、なんでもやってみなければわかりません。

そこで、リスクがそれほど大きなものなければ、やってもらいます。それで成功すればスタッフの自信になりますし、失敗しても何か学びを得ることができます。

指示ではなく方向を示す

僕は仕事に関して細かい指示は出しません。仕事の方向性を指示するだけです。「こういう方向でやってほしい」と伝えて任せます。ただし、任せてはいますが、どのように行っているかはちゃんと見ています。

例えば、来月に大きなイベントを行うとします。まず日程についてスタッフに相談します。「3連休があるけど、そのときにイベントをしようか。あるいは、3連休は何もしなくてもお客さんが来そうだから、その次の土日にしようか」と意見を聞きます。するとうちのスタッフは「どうせなら両方やりましょう」と言ってくれたりします。こうした前向きな意見が出るような空気作りを、僕はつねに心がけています。

次にイベントの内容です。どんなことをしたいか、みんなで考えてほしいと頼みます。僕はその話し合いには参加しません。「明日、決まったことを教えてください」と言って席を外します。

翌日に報告を聞き、「それ面白いね、これも面白いね」とスタッフのアイデアを認めてあげます。そして「これにするから、具体的にはどうしたらいいか、もう一度考えてください」と振ります。

再度考えてもらい、それに対しても僕は「いいね」と言うようにしています。結果、「じゃあやろう」となります。

最終的な決定は僕が行いますが、その間のミーティングやアイデア出しには参加せず、スタッフで考えてもらいます。そして、みんなが考えたことを僕は否定したりはせず、褒めるようにしています。

心がけているのは、全員に意見を言ってもらうことです。一人の意見を通すのではなく、みんなで話し合うようにアドバイスをしています。なぜなら、それがチームだからです。方向性を示して最終的な決定をするのは僕ですが、アイデアを出すのはスタッフなのです。

店の〇周年の企画を行うときは、僕がテーマを「楽しいこと」とだけ決めて、具体的に何を行うかはスタッフに考えてもらいます。

楽しいというのは、僕を含めた全員が楽しいということです。もちろん、お客様も楽しいことです。そんなイベントを企画してほしいと伝えます。

楽しいことであれば、箱の中に手を突っ込んで中に何があるのか当てるゲームでもいいでしょう。ケーキ屋さんだからという常識は取り払ってもいいのです。そう言うといろいろなアイデアが出てきます。

常識を取り払うところから楽しさも生まれてきます。すると、こんなことでも採用してもらえるんだと喜び、出てくるアイデアも、より柔軟になってきます。

その際にはどんどん書き出してもらいます。思っているだけでは忘れてしまうので、メモする習慣を身につけるようにさせています。

自分で考え、自分で行動できるチームを作り上げる

僕は店にいる時間があまりありません。ほとんどの時間を店の外にいます。

「横山さんはいつも店にいないけど何をしているんだろう。遊んでばかりいるのでは」スタッフがそう思っても、仕方がないような状況です。

店のホワイトボードには僕の一週間のスケジュールが書かれています。銀行へ行く、外で人と会う、外の人と会食、来客、外での勉強会、自分の講演など、月曜から日曜まで、ほとんどが店の外での予定で埋まっています。

この一週間のスケジュールが、みんなにもわかるようになっているので、それを見ると「今日はこの時間しかシェフは店にいないんだ」とわかります。

店にいる時間が短い分、例えば夕方店に戻ってきたときは、まず「今日はみんなありが

とうね」と言います。そして時間があれば、今日はこんな話を人から聞いた、あるいは講演でこんな話をしてきたと伝えます。そして、「みんなが店で頑張ってくれるから、このように外でいろんなことができる。ありがとう」と感謝を伝えます。

スタッフはみんな、僕が店の外で何をしているのだろうと興味を持っているので、時間があるかぎり、詳しく伝えるようにしています。

仕事の終わりには毎日、その日の売上の報告などを行う終礼があります。終礼でその日の出来事を伝えるようにしていますが、時間がないときは翌日の朝礼で話しています。

店にいる時間はあまりありませんが、一回も店に行かないという日はほとんどありません。一日に一回は店に顔を出すようにしています。朝レジを開けるために店に行き、滞在時間が2分か3分ということもあります。自宅と店は近いのでそれも可能です。

オープンから1年間は、僕も店の厨房にずっと入っていました。その1年で店のベースを築くことができたと思ったので、2年目からは店の外にアンテナを向けるようにしました。そこで、新しい情報や新しい出会いを求めて店の外に活動の中心を移したのです。

その結果、いつのまにか僕が店にいないことが当たり前になりました。僕がいなくてもます。

店の運営がうまくいっているのは、開店当初からチーム作りを意識してきたからだと思い

ただし、僕自身が店にいたほうがいいと思ったときは店にいるようにします。

少し前の出来事です。店で二番手の役割を担っているスタッフに、下の人間がついていくことができず、下のスタッフがみんなで「店を辞めたい」と言い出しました。二番手も辞めたいと言います。

そこで、僕はみんなに「来月から自分が厨房に入る」と宣言しました。そして、外での約束をほとんどキャンセルしました。

いざ現場に入ってみると「シェフが厨房にいると新鮮で、シェフの仕事のやり方をいろいろ見ることができ、勉強になるので嬉しい」と言います。「でも、これでは店としてはよくないですよね」とも言い出しました。

「いろいろなところに行って、いろいろな情報をもたらしてくれるのがシェフの仕事だよね」というのが、みんなの意見だったのです。

いろんなところに行って、いろんな勉強をしてきて、それを自分たちに伝えてくれるこ

とがシェフの仕事。そんなシェフを厨房に立たせているということは、自分たちの力がまだまだ足りない――。

僕は、スタッフからそう言ってもらえるチームを作ってきました。このようなチームを育てられたことを自慢したいと思います。

リーダーからの指示を待つのではなく、自分たちが自主的に動いて店をよくしよう、各自の役割をしっかりこなそう。そのように考え働いてくれています。

リーダーに負担をかけて、リーダーが行うべきではないことを行う必要がないように、リーダーがすべきことをしっかりやれるように自分たちがサポートする。チームのみんながそう考えて行動してくれているのです。

一人ひとりが自分で考え、自分で行動できるチームが出来上がっています。そんなチームを作ることができたのは、スタッフに任せる覚悟を持てたからだと思います。

この本を読まれた方にも、そんなチームを作っていただきたいと思います。決して大変なことではありません。ちょっとした気づきが、できるかどうかにかかっています。

リーダーとは、全部を見ていないと不安になったり、人に任せることができずに自分ですべてを行おうとしたりしがちです。それではチームを作り上げることはできません。

少しのあいだ現場に戻ったときに、僕は強く思いました。スタッフの仕事ぶりを見て口うるさくしては、昔の自分に戻ってしまうな、と。

ついつい厳しく言ってしまいます。注意されること自体はスタッフには新鮮で、注意されることに喜んでくれました。しかし、それではスタッフが伸びないとも感じました。

僕の強みの資質には、「ポジティブ」と「社交性」があります。つまり、人に会うことで元気になるのです。人に会うことができない状態が続くと、僕のエネルギーは下がっていってしまいます。

僕のエネルギーが下がると、店全体のエネルギーも下がっていきます。悪循環です。

人によっては、店の中にずっといることが向いている人もいます。そのような人が情報を求めるため、無理に店の外に出て行くとストレスになるかもしれません。なので自分の強みを知ることが役に立つのです。

もしかしたら、自分は動かないで泰然と構えているのが本当に優秀なリーダーかもしれませんが、それは難しいです。僕にもできません。

スタッフのほとんどは、この仕事についてまだ1年から3年程度です。経験の浅い人に役割を与え、仕事を任せて僕は店の外に出て行くことができています。そんなケーキ屋はほとんどないと思います。

スタッフにも店の外の勉強会に参加してもらう

スタッフにも店の外でも勉強会等に積極的に行ってもらうようにしています。あとで聞いたのですが、そのことがスタッフにとってはプレッシャーになっていたケースありました。

僕は自分がいいと思ったことは、スタッフ全員にもやってもらっています。しかし、相手の年代やキャリアによって受け止め方は異なり、全員に僕と同じことをやってもらうのは無理がありました。キャリアによっては早すぎたりするわけです。

外の勉強会に行ったときは、その3日後に仕事後にみんなの前で、勉強したことをまとめて発表してもらうようにしています。発表インプットしたことをアウトプットする場を作るわけです。

勉強会はケーキ作りに関係したものにかぎりません。コミュニケーションの勉強にも行ってもらっています。参加したスタッフには店内で「コミュニケーションとは」という発表会を開いてもらいます。これは参加したスタッフの復習になり、勉強したことを実際に身につけることにも役立ちます。

勉強会には、僕のほうから「こんな会があるけど行ってみる？」という感じで声をかけます。無理強いはしません。

こうした勉強会の情報は、店の外に出かけていろいろな人と会うことによって得ることができます。

僕が参加する勉強会に、スタッフを連れて行くこともあります。

僕は社会貢献をしようという経営者が集まって研修する会に参加し、いろいろな勉強をさせてもらっています。その会は「志」について、みんなで考えることも目的のひとつで、例えば松下村塾に行き吉田松陰の志を学びました。

その会で、鹿児島県の知覧特攻平和会館に研修に行く機会がありました。ここには太平洋戦争の末期、飛行機もろとも敵艦に体当たり攻撃をした特攻隊員の遺品や遺書が多数展示されています。

そのとき、僕は甥を連れて行きました。甥は姉の子です。高校卒業後、ラーメン屋に10年間勤めましたが、そのままラーメン屋で働くことに疑問を感じていました。そこで、僕のところで働くように勧めました。

ワイスタイルで働くことになりましたが、甥はほかのスタッフのように「パティシエになりたい」という気持ちがあるわけではありません。店で働いていても、仕事に対する夢はありません。

僕は、今の甥に必要なのは志を学ぶ場だと考えて、知覧の研修に連れて行きました。自分が何をしたいのか、志を学ぶ勉強になると思ったからです。

甥はそこで、飛行機に乗って特攻に行く若者たちが晴れ晴れとした顔をしている写真を目にしました。そんな表情をしている理由は、彼らはたとえ自分が死ぬことになっても、その死は残された親や妻、子供たちの未来を作ることにつながると信じていたからです。家族の幸せのために、自分が行くという思いがあったからです。

そうしたことを見たり聞いたりすることで、僕は「自分はなんのために生きているのだろうか。なんのためにに仕事をしているのか。どんな志があるのだろう」と自分を見つめ、昔の人がつないでくれた命の大切などを、深く考えることができました。

甥もそうした思いを感じたようで、思わず一緒に涙を流しました。

きっと、今までそんな思いを感じたことなどなかったのでしょう。僕と同じ思いを共有したことで考え方が変わり、その後は仕事に対する態度もはっきりと変わりました。

特攻隊について映画か何かで見たことはあったかもしれませんが、彼らがどんな気持ちで特攻に行ったのか目の当たりにすることで、甥の中で変化が生まれたのです。

スタッフには店の中だけでなく、外の世界、自分の知らない世界に興味を持ち、視野が広くなるよう、機会があれば勉強会に参加することを勧めています。

「引っ張る」ではなく「引き上げる」、自分の仕事を部下に譲る

リーダーは、仕事をどんどん部下に譲るべきです。リーダーは方向性だけを決め、実際の仕事は現場に任せるべきです。

ただし、譲るというのは部下の仕事を増やすという意味ではありません。部下が仕事を増やされたと感じたら、組織は弱くなっていきます。

仕事を任せて譲りながら、仕事を増やされたと感じさせないためには、どうしたらいいでしょうか。スタッフ全員のレベルを引き上げていくのですが、それには、まず一番下の人間の力を上げる必要があります。

組織においていちばん遊んでいるのは、だいたい一番下の人間です。まだ何をどうして行っていいのか自分で考えることができないので、指示を与えられないと、ついつい遊ぶ時間ができたりするからです。

実際は、遊んでいるのではなく何をしたらいいかわからないのです。その遊ぶ時間を減らすように何をすべきか指示をします。

一番下の人に与える仕事が下から二番目が行っている仕事であれば、下から二番目には少しレベルの高いほかの仕事をする時間が生まれます。これを順番に行えば、組織全体のレベルが少しずつかさ上げされていきます。

より理想を言えば、下の人間が「自分はこれができます。やらせてください」と自分から声をあげるような組織にしたいものです。

先述したように、僕は社員を採用する時、必ず「自分から声をあげること」をお願いしています。

ワイスタイルでは、朝7時から朝礼が始まる9時半までがいちばん忙しい時間です。そこで、その時間に一人ひとりが何をやるのか、ホワイトボードに書いて全員にわかるようにしてあります。

一人ひとりが行う作業は僕が決めるのではなく、みんなで「自分はこれをやります。私はこれを担当します」と言い合い、確認するミーティングを開いています。必要な作業をすべてリストアップして、それぞれを誰が担当するのか、朝の作業の流れを決めていきます。

全員で何をすべきか、誰が担当をするのかをミーティングで決めるようにしたことで、トータルの作業時間を1時間以上短くすることができました。

このように細かく決めておかないと、何をしようかなと考える時間が生まれてしまいます。そのあいだ作業は滞り、どんどん遅れていき、開店時間までにショーケースにケーキが並ばないことになってしまうのです。

●リーダーの仕事③　具体的に伝える

「あなたの給料を倍にするには、このくらいの売上が必要」

僕は店の売上などお金に関して、スタッフにはすべてをオープンにしています。例えば給料に関しては「あなたの給料を倍にするには、これくらいの売上が必要になる」という話もします。

そして、みんなの給料を上げていきたいとも言っています。そのためにどれだけの売上アップが必要なのかを説明します。

「みんなの給料を上げていきたいので、いろいろなことを考えている。だから、みんなも僕が給料を上げるのを待っているのではなく、どうしたら給料が上がるのか自分でも考えてほしい」と言っています。

仕事の生産性についても教えています。

「1年目の人は、1個のケーキを作るのに1時間かかる。2年目の人は40分。そうした生産性から考えてみて、『自分はどれだけのお金をもらえるのか』を考えてほしい。」

こうしたことも伝え、スタッフには考えてもらいます。

僕が伝えたいことを理解できれば、今の自分が将来に期待されて投資されていることがわかるようになります。すると、「自分がもらっているお金に見合うだけの仕事をしよう、頑張ろう」という意識が出てきます。

「お金をもらって当たり前」という意識を持ってほしくはありません。なので、細かいことも時々は口にするようにしています。

経費の無駄づかいに関しても同じです。

例えば、電気代を減らす工夫はできないか。アルバイトが入っているけど、仕事が少ないようであればアルバイトは早めにあがらせる。「アルバイトがたくさんいれば自分の仕事が楽になる」と考えていると店の利益が減るので、自分の給料が上がるどころか下がる可能性もある——。

そのような話をして、自分の給料を上げるためには何を考え、どう行動すればいいのか、つねに意識するように求めています。

地元の夏祭りなどのイベントに出店することもあります。その際は、出店料がいくら、材料費がいくら、売上目標はいくらと、事前にスタッフと打ち合わせをします。

そして、目標金額以上の売上があれば、それはご褒美としてみんなで分けます。そのことを前もって言っておけば、スタッフは張り切ります。1日で7万円のボーナスを出したこともあります。

ただし、そのときにかかった経費をチェックしてみると、必要ではないものを買っていました。なので僕は、その金額だけはボーナスから引きました。

無駄なものを買わなければ、少しだけどボーナスが増えた。その気持ちを味わってほしかったからです。売上を上げるだけではなく、無駄なお金を使わないことも自分たちの給料のアップにつながる。そのことをしっかりと身につけてほしいのです。

スタッフにはケーキ作りを学ぶと同時に、売上金額にも意識させるようにしています。そして、売上のどれだけが利益になり、自分たちの給料につながるのかも意識してもらっています。これによって、お客様からいただくお金が自分たちが給料となることを実感できると思います。

「もっと給料のいいところで働きたい」、人はそのように考えたり、口に出したりすることがあります。ケーキ屋さんでも、うちの店より給料のいいところもあると思います。しかし、働いている人全員の給料が高いとはかぎりません。高い人がいれば、安い人もいるはずです。そして、安い人が辞めても、代わりはすぐ見つかると思われているかもしれません。給料が安いまま上がらないのは、どこに理由があるのか考える力をつけてほしいと思っています。

売上目標を明確にする

売上目標は「毎日」と「毎月」を設定しています。毎月1日から31日まで、季節や曜日を考慮に入れて、1日の売上金額とお客様の人数の目標を僕が決めます。それを合計したのが、ひと月の売上目標となります。

毎日の売上目標は、スタッフ全員が見られるよう壁に貼ったカレンダーに書き込んであります。例えば、○月1日が平日であれば、金額は15万円、お客様の数は70人というふうになり、土曜日なら22万円で110人などとなります。

目標が達成できた日は、ピンクのマジックで囲みます。僕は「1日の終わりにピンクで囲むことを楽しみにして頑張ってほしい」と言っています。目標を達成した日は、終礼でそれを行うのですが、そのときに「囲みたい」と言うスタッフがいれば、その人にやってもらいます。

そして、平日に店が閉まる30分前に売上が14万7000円であれば、「あと3000円、頑張ろう！」という意識を持つように日頃から注意しています。

ただ単に時間が来たらレジを閉めるのではなく、片付けの準備をしながらも「もうひとりお客様に来てほしいな」という気持ちをつねに持ってほしいと思います。そうした気持ちを持っていれば仕事も楽しくなると伝えています。

ピンクで囲める日は、だいたい週に2日くらいあります。

目標の数字は「普通であれば、これぐらいは達成できる」というレベルの数字に設定しています。以前、スタッフに目標を決めてもらったこともありますが、1日の金額目標が10万円という、僕の予想よりもはるかに低い数字を出してきたので驚きました。すぐ注意しました。

「この数字は、例えば1日にシュークリームが20個売れて当たり前なのに、頑張って10個を売ろうと言っているようなもの。そんなレベルの目標に過ぎない。10個売れてよかったよかったと言っても給料は上がらない。そんな数字は目標じゃないだろう。20個売れているのを25個まで頑張ろう。頑張れってできる数字でなければ、目標の意味がない。給料も上がらない。目標達成が目的ではなく、目標を達成することにより給料が上がっていくことが目的なのだよ」

そう話をすると、みんな納得してくれました。

もうひとつ、材料を頼みすぎないように材料の在庫の数字も把握させています。これも目標設定をしています。

いずれにしろ、数字を具体的に出したほうがスタッフには理解しやすいので、できるだけ数字を出すようにしています。

店の売上金額もすべてをオープンにしてあります。対前年比もひと目でわかります。お客様が多いと仕事が大変と思うのではなく、お客様が多いことをスタッフ全員が喜ぶように徹底しています。お客様が多ければ売上が上がり、自分たちも給料が上がる。まさに商売の基本中の基本ですが、そうした喜びをみんなに感じ取ってほしいのです。

デパートなどに1週間催事で出店するときも、最低限達成すべき売上目標の金額を明確にしておきます。「それを達成できたら、みんなでおいしいごはんを食べに行こう」と前もって言っておけば、頑張ってもらえるからです。

駅ナカに一週間ぐらい出店することも多く、1年に10回近くあります。

そのときは出店を任せるリーダーを決めます。目標金額を立てて、その金額を目標にリーダーに頑張ってもらいます。

それを達成すると、みんなで店のお金で食事に行けます。なので、達成するとみんなから「頑張って売ってくれてありがとう」という言葉がかけられます。そうした言葉が聞けると本当に嬉しいと言ってくれます。

単に出店して売るだけでは流れ作業の仕事になってしまいます。目標を決め、それを達成したときのご褒美を決めておきます。目標を達成すると自分も嬉しいのですが、達成したことに対してスタッフから感謝の言葉をもらえます。数字が感謝に変わる仕組みです。

そうした出店では、店から車で商品を運ぶので、その配達を僕が担当したりして、みんながどのように働いているか確かめるようにしています。

また商品を運ぶとき一緒に車に乗るスタッフとは、普段忙しい店の中ではできないようなことを話すこともできます。僕が仕事に込めている思いを伝えることもできます。

もちろん出店したときにも、お客様に名刺を渡すように言ってあります。

大切なことは文字や数字で具体的に伝えるべきです。ただ「頑張ろうな」と言うのではなく、「ここを目指して頑張ろうな」と言うのです。そのほうが具体的で、相手も理解しやすいはずです。

数字をはっきりしておけば、評価をする際にも基準が明確になります。評価される側も、その評価に納得できます。自分の頑張りが数字に表れるということをしっかり身につけてもらうようにしています。

●リーダーの仕事④　未来を見せる

楽しそうに仕事をしている姿を見せる

「この人についていけば、自分の能力を伸ばすことができる、成長することができる」と感じられれば、部下はリーダーについていくはずです。

パティシエであれば、ほかの人と一味違うケーキをいろいろ作ることができれば、その人にあこがれる人が多く出てきます。そのとき、ケーキを作る技術がすごいだけでなく、「この人はいろいろなことを実現して夢を叶えているな」と感じることができれば、より多くの人のあこがれを集めることができると思います。

そんな姿を見た人は、自分にも可能性を感じてワクワクするでしょう。

自分の勤めているケーキ屋のオーナーは、いつも夢を語っていて、それを実現し、いろんな人とも会っている。オーナーがそんな魅力的な人であれば、店のスタッフはきっとキラキラ輝く存在に感じるでしょう。

ところが、店のオーナーがケーキを作っている様子からはあまり楽しさが感じられず、店以外の人との交流もあまりないと、キラキラ感は感じられません。そんな店で働いているスタッフは、「自分もオーナーのような人間になってしまうのかな」と考えるでしょう。自分の将来の姿を店のオーナーに重ねて見るはずです。

自分の勤めている会社の社長や上司がキラキラ輝いていれば、「自分もいつかキラキラ輝く人間になろう、なれるはずだ」と仕事に前向きになれます。しかし、上司が上の人の顔色ばかりをうかがい、部下の言うことに耳を貸さないような人だと、「こんな上司にはなりたくない」と思うだけです。

社長、上司にキラキラ感が感じられなければ、下の人間は物足りなさを感じます。「頑張って働いても、こんな人間にしかなれないのか」

将来の自分の姿がそのように見えてしまったら、やる気など起きるわけがありません。部下のやる気を引き出すには、給料も重要な要素になりますが、それ以上に、リーダーが楽しそうに仕事をしている姿を見せることが大事だと思います。

若い子たちにこそ、働くことの喜びが必要

人は、まわりの人から自分が必要とされているか、されていないかによって、仕事に対

する喜びは大きく変わります。

必要とされていると感じることができれば、頑張ることができます。しかし、必要とされていないと感じると、仕事に喜びを感じることはできません。自分の存在を認めてもらうことは大きな喜びにつながるのです。

楽しい仕事とはどんな仕事でしょう? みんなでワイワイお喋りをしながらするのが、楽しい仕事でしょうか。僕は違うと思います。

僕が理想としている楽しい仕事とは、みんなが目標に向かってピリッとしているときです。みんなが同じ方向に向かっていることが、僕にとって楽しい仕事なのです。

お互いが注意し合うことができ、一緒に育っていくことができる。ちょっと背伸びをし、頑張って仕事を達成できたときが楽しいのです。

達成の喜びを仕事の喜びと感じてほしいと思っています。

チームが何を目指すかを共有する、組織を「自分の場所」にしてもらう

僕がいつも言っていることがあります。それは、プライベートで楽しいことがあったと

き、次の日にその楽しい出来事をみんなに伝えたいと思える職場でありたいということです。子供が生まれたことを黙っているような職場であってほしくはないのです。

休みに旅行に行ったのであれば、どこに行って、どう楽しかったのか、みんなに教えてあげるような職場でありたいと思います。その楽しかったという思いをみんなに伝えたいので仕事に行きたい。そう思えるような職場でありたいのです。

そんな職場環境を作っていきたいのです。朝礼でスピーチの時間を大切にしているのはそうした思いがあるからです。

何か楽しいことがあったとき、「これを明日の朝礼でみんなに伝えよう。教えてあげよう」と思ってほしいのです。そんな気持ちを持てれば、毎日仕事に行くのが楽しくなるはずです。「あーあ、仕事に行くのが嫌だな」と思って店に来てほしくありません。

「今日は、仕事で何を覚えられるかな。今日はあのお客様がバースデーケーキを予約しているので、どんな話をしようかな」

そんなワクワクする気持ちを抱いて働いてほしいのです。

●リーダーの仕事⑤　自分が楽しい仕事をする

「楽しむリーダー」に人はついてくる

楽しむということは、人の能力を引き出すことにもつながります。それができるリーダーであれば当然、人はついいてきます。

なんでも自分で行い、力技で強引に組織を引っ張っていくタイプのリーダーがいます。そのような組織では部下は手を抜くことを覚えます。自分で何かを考えたり、自分から率先して行動を起こす必要はなく、リーダーがしていることについていけばいいだけなので、どんどん手を抜くことを覚えるはずです。なぜなら、そのほうが楽だからです。

反対に、頼りないリーダーだったらどうでしょう。

リーダーがちょっと頼りないので、自分たちが頑張らなくてはいけない。そうしたリーダーのあり方も考えられるはずです。頼りないリーダーも考えられると思います。

ただし、そこにはリーダーとスタッフの間の尊敬と信頼関係が必要になります。

僕の趣味はプロレス、趣味が仕事につながると……

僕は、趣味は才能だと思っています。趣味はどれだけやっていても飽きません。ゲームが好きな人は48時間、ぶっ続けでやっても飽きません。

僕の趣味はプロレスです。プロレスをずっと見ていても飽きません。

そして、趣味が仕事につながると、その人の強みとなります。なので、僕はみんなに「趣味を持て。仕事と関係なくてもいいから、とにかく趣味を持て」と言っています。

初めは自分の趣味は仕事と関係がないと思っていても、どこかで仕事につながることがあります。そして、つながるとその人の強みになります。

僕の場合は、「プロレスが好き」ということをフェイスブックなどのＳＮＳで発信していました。すると、プロレスラーと友だちになることができ、今では一緒に筋トレしています。

ここまでは趣味の延長ですが、仕事にもちゃんとつながりました。プロレス団体のロゴマーク入りのマカロンを作り、プロレス会場に来た人、先着１００名様にそれをプレゼントしたのです。

プロレス団体のホームページには、ワイスタイルのマカロンをプレゼントする告知を載せてもらいました。この時はワイスタイルが協賛という形で、費用はワイスタイル持ちでしたが、僕は広告費だと考えました。

プロレス会場でワイスタイルの名前をアピールできますし、ホームページにも載せてもらえます。ワイスタイルの店頭やホームページでそのことを紹介すれば、「いろいろ楽しいことを行っているケーキ屋さん」というブランディングも可能になるからです。

実は、プロレスとのコラボについて、い

ちばん教えたいのはスタッフに対してです。

スタッフは、僕の趣味がプロレスだと知っています。でも、プロレスとケーキ屋のつながりなんて、スタッフには想像がつかないかもしれません。

しかし、プロレス団体のロゴの入ったマカロンを作ることで、趣味と仕事が本当につながるのだと具体的に知ることができます。すると、スタッフは「なんでも夢はかなうんだ」と実感してくれるはずです。

「自分たちも、趣味や好きなことを仕事につなげることができる。自分が楽しめて、店のためにもなる。自分の夢が仕事で実現できるかもしれない」

そうした思いを持ってほしいのです。「ケーキ屋だから、こんなことができるはずはない」という既成概念や枠を取っぱらってほしいのです。

僕の場合、フェイスブックで「プロレスが好き」と発信していたのですが、フェイスブックで新しく友達になった人にプロレス好きがいると当然、意気投合します。すると、「知り合いにプロレスラーがいるので今度、紹介させてもらいます」という話になります。そして、プロレスラーも店の経営者と会うことを喜んでくれるのです。店にプロレスのポスターを貼ってもらえるかもしれませんし、スポンサーになってもらえる可能性もあるからです。

それ以上に、プロレスラーはプロレスファンと会って話をすることが好きなのです。そして、そのプロレスラーがまた別のプロレスラーと会わせてくれます。こうしてどんどんつながりが広がっていきました。

店の外に自分が出て行き、いろいろな人と会うこと。そしていろいろな情報を自分が発信することによって、楽しいことがどんどんふくらんでいきます。毎日がどんどん楽しくなっていくのです。

ワイスタイルのマカロンは天ぷら屋さんにも卸しています。おいしいので、僕が何回か通っていた天ぷら屋さんです。

ある時、天ぷらを揚げている職人さんと話をしていると、プロレスの話題になりました。するとその職人さんが「実は自分の弟はプロレスラーでした。マイナーですけど」と言うのです。

僕が「だいたいのプロレスラーは名前を知ってますよ」と名前を聞きました。僕は

「知ってます。〇年に引退しましたよね」と言うと驚きました。

そんな話をしたことで、より親しくなりました。そして「横山さんのところはマカロンが有名だと聞きました」という話題になったので、後日、マカロンを持って行き、プレゼントしました。

すると「とてもおいしかったので、店のデザートとして横山さんのところのマカロンを出したい」と申し出があったのです。

カウンター式の、それなりに高級な店です。マカロンに店の名前のロゴマークをハンコのように押して卸すことになりました。その店は著名人や大企業の経営者も来る店で、マカロンを食べた方から「うちの会社も社名入りのマカロンをお願いしたい」という引き合いをいくつかいただいています。

このように話はどんどん広がっていきます。しかも、僕がいないところで勝手に広がっていってくれるのです。

クラウドファンディングでケーキの絵本を制作

僕は「ケーキ屋だから」という常識にとらわれないよう、いつも新しい企画にチャレンジすることを心がけています。そのチャレンジが楽しいから行うのですが、クラウドファンディングでワイスタイルの絵本を作ったこともあります。

誕生日や記念日にケーキがあると、みんなが笑顔になります。でも、僕は「もっと幸せを届けたい、一生の思い出を送りたい」と考えました。

「誕生日にケーキを食べて『おめでとう』もいいけれど、時間が経つと日常にもどってしまう……。もう少し家族で子供の夢や命の大切さについて話す時間を届けられないだろうか」

そこで、思い浮かんだのが絵本でした。

クラウドファンディングで60万円を集めて、ケーキが主人公でケーキができるまでの出来事を絵本にしました。

絵を描いたのは知り合いのイラストレーターで、店に貼っている「プロフィールカード」で、スタッフの似顔絵を描いてもらっています。

絵を描いてもらうとき、僕は4つのお願いをしました。

「子供に夢を与える」

「ケーキの材料を作ってくれている農家の方、牧場の方、乳牛などへの感謝の気持ちをわかりやすく伝える」

「お父さん、お母さんがいて、自分（子供）がいることを改めて伝える」

「来年もまた、みんなでお祝いしようねという思いを伝える」

そして『君の夢見る夢ケーキ』というタイトルの絵本が１００冊、出来上がりました。

本の最後には白紙のページがあります。子供から夢を聞いて、夢の内容と子供の写真を送ってもらい、本の絵を描いたイラストレーターが子供の似顔絵を白紙のページに描いて、お客様に渡します。

子供にその絵本を読み聞かせをしてもらうと、最後に自分の夢が実現している似顔絵が載っているわけです。例えば、消防士が夢だったら消防車に乗った自分が絵になっています。

自分が楽しいことをすると決めて始めた絵本作りでしたが、プロレスと同様に、スタッフも「ケーキ屋でもこんなことができるんだ」と、視野を広がったと思います。

おわりに

●新しいスタート——Ystyle株式会社の設立

僕は、自分の店を出すにあたって、チームを作ることを考えました。実はその時、5年後には会社にしたいという目標も持っていました。

自分のお金とお店のお金がごっちゃになるのは嫌だったのですが、最初から会社にしなかったのは、会社にすると社会保険など金銭的な負担が大きくなるからです。

ケーキ業界はかなり大きなところを除いて、ほとんど会社組織になっていません。個人経営で自営業のケーキ屋さんが大多数を占めています。

僕の場合、最初の神戸の店は法人で社会保険に入っていましたが、広島の店も僕が卒業する頃にやっと法人になりました。なので僕は広島の店に勤めた時から、ずっと自分で国民年金を払い、国民健保に加入していました。

オープンから3年くらい経つと、資金繰りも安定してきたので、そろそろ法人にしても大丈夫かなという感じになりました。あとはタイミングの問題です。

そして2018年11月5日に、Ystyle株式会社を設立しました。この日に決めたのは、知り合いから僕の運気が一番強いのはこの日だというアドバイスがあったからです。

オープンから5年で目標のひとつである会社組織にすることができました。では、「次の5年後は?」となります。

今までのケーキ屋の発想であれば、売上の拡大、多店舗展開になると思います。僕はそれを目指していません。僕は、現在のスタッフに自分の店を持ってもらい、ワイスタイルのグループが広がっていくことを願っています。

店の名前はワイスタイルである必要はありませんし、自分の好きなように店を作っても構いません。ただ、独立しようと思っても、初めはお金がなかなか借りられないでしょう。僕自身も苦労しました。

そこで、まずはワイスタイルの信用と実績でお金を借りてのスタートでいいと思います。僕も協力して、できるだけ早く僕のところから営業権を買い取って独立という形になれば望ましいと考えています。この形が実現できれば、独立する際の負担が大幅に減りま

す。

僕は、スタッフが希望する自分のなりたい姿に応じて、いろいろなサポートをしていきたいと考えています。

ワイスタイルのグループが増えて行くこと、夢のある店が増えていくことが僕の夢です。店はケーキ屋さんである必要はありません。極端なことを言えば、ラーメン屋でもいいのです。そんな目標、夢を持っています。

現在のスタッフには、オープン時のスタッフはいません。すでに店が出来上がった後に入ってきています。なので「会社にして新しくスタートするぞ。イチからもう一度頑張るぞ!」と言うと、みんな、モチベーションが上がってきました。

「ここから本当のスタートが始まるんだ！」と聞き、みんなのテンションが上がる様子を見て、僕は次の5年に向けて決意を新たにしました。

これからも、ワイスタイルを自分で動くことのできる人材を育てる学校として、そして幸せな時間を提供する場として、盛り上げていきます。

【著者紹介】

横山《よこやま》 由樹《よしき》

1975年３月29日生まれ。

高校卒業後、大阪あべの辻製菓専門学校を修了し、神戸のブルシェ洋菓子店に４年、広島パティスリーイマージュに13年勤務。ケーキ屋の職人気質、相互が非協力的な働き方にストレスを蓄積させ入院したのを機に、自身が理想とする「楽しく働けるケーキ屋」を作るべく大阪市箕面市にパティスリーワイスタイルを開業。

創業から５年でANAのプレミアムシートのデザート、ベントレーの景品などにケーキを卸している他、主要大手デパートとの取引を多々実現させたほか、漫画家安野モヨコ氏とのコラボレーションケーキなどを実現し、業界平均3000万円台の洋菓子店経営において年商１億円を達成している。

ケーキ店の経営の他にも、地元箕面市の活性化を目的として行われている「みのおのまち商学校」の講師なども務め、自身のノウハウを多くの人に伝えている。

それらの取り組みが注目を集め、『商業界』で複数回にわたり特集を組まれるなど、全国的に注目を集めている。

2019年２月20日　初版第１刷発行

**部下を「自分で考えて動く人材」に育てる
リーダーの５つの仕事**

Ⓒ著　者　横山由樹

発行者　脇坂康弘

〒113-0033 東京都文京区本郷3-38-1
発行所　株式会社 同友館
TEL.03(3813)3966
FAX.03(3818)2774
https://www.doyukan.co.jp/

落丁・乱丁本はお取り替えいたします。
神谷印刷／松村製本所
ISBN 978-4-496-05402-0
Printed in Japan